高等学校大学计算机基础教育改革与实践系列教材

U0685818

大学计算机基础实践教程

—— 面向计算思维与新工科

第 2 版

○ 主　编　陈立潮　曹建芳
○ 副主编　宋晓霞　刘继华

中国教育出版传媒集团

高等教育出版社·北京

内容提要

　　本书是与陈立潮主编的《大学计算机基础教程——面向计算思维与新工科》(第2版)配套的实践教程,以培养计算思维能力以及新工科建设要求为导向,构建了本书内容。 全书共分为7章,主要内容包括:计算机原理与系统、问题求解的程序实现、办公自动化与电子政务、数字媒体与图像信息处理、计算机网络与信息安全、数据库与大数据技术和计算机新技术综合实验。 书中案例丰富,循序渐进,目标明确,有利于教师教学和学生学习。

　　本书可作为高等学校非计算机专业大学计算机基础课程的实践教材,也可供各类学习计算机技术的工程和技术人员参考。

图书在版编目（CIP）数据

　　大学计算机基础实践教程：面向计算思维与新工科/陈立潮，曹建芳主编；宋晓霞，刘继华副主编. --2 版. --北京：高等教育出版社，2023.11

　　ISBN 978-7-04-061033-8

　　Ⅰ.①大… Ⅱ.①陈… ②曹… ③宋… ④刘… Ⅲ.①电子计算机-高等学校-教材 Ⅳ.①TP3

　　中国国家版本馆 CIP 数据核字(2023)第 148989 号

Daxue Jisuanji Jichu Shijian Jiaocheng

| 策划编辑 | 唐德凯 | 责任编辑 | 唐德凯 | 特约编辑 | 薛秋丕 | 封面设计 | 张申申 | 易斯翔 |
| 版式设计 | 李彩丽 | 责任绘图 | 杨伟露 | 责任校对 | 胡美萍 | 责任印制 | 耿 轩 | |

出版发行	高等教育出版社		网　址	http://www.hep.edu.cn
社　址	北京市西城区德外大街4号			http://www.hep.com.cn
邮政编码	100120		网上订购	http://www.hepmall.com.cn
印　刷	山东临沂新华印刷物流集团有限责任公司			http://www.hepmall.com
开　本	787mm×1092mm　1/16			http://www.hepmall.cn
印　张	9.25		版　次	2018 年 7 月第 1 版
字　数	220 千字			2023 年 11 月第 2 版
购书热线	010-58581118		印　次	2023 年 11 月第 1 次印刷
咨询电话	400-810-0598		定　价	21.00 元

○ 前　言

大学计算机基础课程经过 30 余年的发展，已确立了在高等学校大学基础课程中的地位，它与大学数学、大学物理、大学英语等一起逐步形成了相对完整的大学基础课程的教学体系，并经历了从计算机应用基础、计算机文化基础、大学计算机基础，到基于计算思维和赋能教育的大学计算机基础的发展历程。为了培养大学生计算思维能力和利用信息技术解决专业领域实际问题的能力，作者根据多年的教学经验和该课程实践教学环节的实际需要编写了本书。

本书与主教材配套，共分为 7 章：第 1 章主要介绍计算机硬件部件的组装、操作系统的基本应用和虚拟机的安装与使用等；第 2 章到第 6 章提供了以计算思维和问题求解为培养目标设计的实验任务，内容既有趣味性，又有很强的应用价值；第 7 章引入计算机新技术类的实验内容，向读者展示人工智能、物联网及云计算的相关应用，以点带面，使读者对新工科背景下计算机新技术与各领域的交叉融合有所了解，实现新技术赋能。实验任务采用问题和任务驱动方式，通过设计问题的求解步骤与计划，寻求解决问题的方法与算法，并通过学习相应工具的使用，实现问题求解的落地，循序渐进地指导读者完成实验，真正达到学习和掌握运用计算机基础知识解决实际问题的目的。

本书具有如下特点。

（1）以计算思维为理念，问题求解为目标，开展大学计算机基础课程的实践教学，创新传统大学计算机基础教学的实践模式。

（2）以问题求解为主线，针对实际问题，分层次设计实验任务，为提高学生创新实践能力打下基础。

（3）以问题求解为目标，每个实验题目设计了多个环节分析求解问题的过程，让学生真正掌握实际问题的分析和求解方法。

（4）体现新工科特征，加入计算机新技术实验内容，保证教材内容的先进性。

本书由陈立潮、曹建芳任主编，宋晓霞、刘继华任副主编，编写团队成员均是来自教学一线、具有多年从事大学计算机基础教学工作经验的学术带头人和骨干教师。具体编写分工如下：第 1 章由胡静编写；第 2 章由宋晓霞编写；第 3 章由刘继华编写；第 4 章由曹建芳编写；第 5 章由冯丽萍编写；第 6 章由聂文梅编写；第 7 章由刘宏英、王晓和武桂芬编写。全书由陈立潮和曹建芳统稿。陈美斌为本书的编写做了大量的资料整理、案例验证与资源建设等工作，在此表示感谢。

由于作者水平有限，书中难免有疏漏和不足之处，恳请读者批评指正。

作者
2023 年 6 月 20 日

目 录

第 1 章　计算机原理与系统 ………… 001
实验 1　计算机的组成 ……………… 002
实验 2　操作系统的基本应用 ……… 008
实验 3　虚拟机的安装与使用 ……… 021

第 2 章　问题求解的程序实现 ……… 035
实验 1　结构化程序设计 …………… 036
实验 2　递归算法之汉诺塔实现 …… 044

第 3 章　办公自动化与电子政务 ……… 047
实验 1　Word 2016 高级应用 ……… 048
实验 2　Excel 2016 高级应用 ……… 051
实验 3　PowerPoint 2016 高级
　　　　应用 ……………………… 059
实验 4　在线协作高级应用 ………… 062

第 4 章　数字媒体与图像信息处理 …… 065
实验 1　音频信号的获取与处理 …… 066
实验 2　数字图像处理 ……………… 069
实验 3　数字视频处理 ……………… 072
实验 4　数字动画处理 ……………… 076

实验 5　数字视频媒体处理 ………… 081

第 5 章　计算机网络与信息安全 ……… 087
实验 1　TCP/IP 协议配置 ………… 088
实验 2　无线路由器的配置 ………… 092
实验 3　在线工具的使用 …………… 095
实验 4　360 安全卫士的使用 ……… 097

第 6 章　数据库与大数据技术 ……… 101
实验 1　MySQL 安装 ……………… 102
实验 2　SQL 语句使用 …………… 106
实验 3　大数据实验 ………………… 111

第 7 章　计算机新技术综合实验 ……… 119
实验 1　植物自动识别 ……………… 120
实验 2　二维码生成及验证 ………… 122
实验 3　云办公软件 ………………… 125
实验 4　区块链浏览器的使用 ……… 133

附录　Python 开发环境的安装与
　　　使用 ……………………………… 137

第 1 章

计算机原理与系统

实验 1   计算机的组成

一、实验目的

1. 认识微型计算机的基本硬件及组成部件。
2. 了解微型系统各个硬件部件的基本功能。
3. 掌握微型计算机的硬件连接步骤及安装过程。

二、实验原理

教材中计算机硬件系统的有关知识。

三、实验任务

【任务描述】

组装计算机并理解冯·诺依曼计算机体系的工作原理，厘清实物与理论中的五大部件的对应关系。按照实物识别计算机主要部件：CPU、CPU 散热装置、主板、内存、电源、硬盘、光驱、主要数据线、电源线、鼠标、键盘和机箱。识别主板上的接口：电源线接口、CPU 插槽、内存插槽、显卡插槽、PCI 扩展槽、IDE 接口、SATA 接口、鼠标和键盘插口、串口、并口、USB 接口。

【实验类型】

验证性实验。

【实验步骤】

按照如图 1-1 所示的流程组装计算机。

（1）安装电源

安装电源时，用手托住电源，按照正确的方向将电源安放在托架上，调整合适位置使螺丝孔对齐，然后拧紧螺丝，接着用力捏住电源接头上的塑料卡子，将电源接口平直插入主板 CPU 插座旁边的 20 芯或 4 芯电源插座，如图 1-2 所示，注意卡子与卡座在同一方向。图 1-3 所示是电源安装在机箱外的

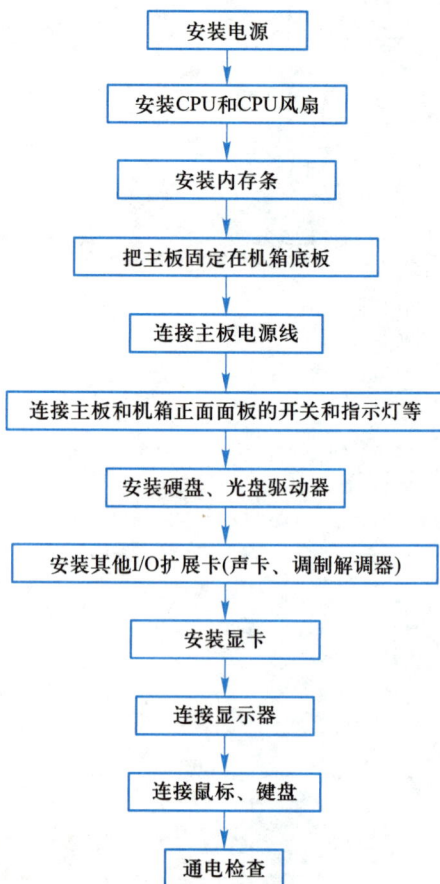

图 1-1　计算机组装流程图

接口，有的电源提供了开关，建议在不使用计算机时关闭这个电源开关。

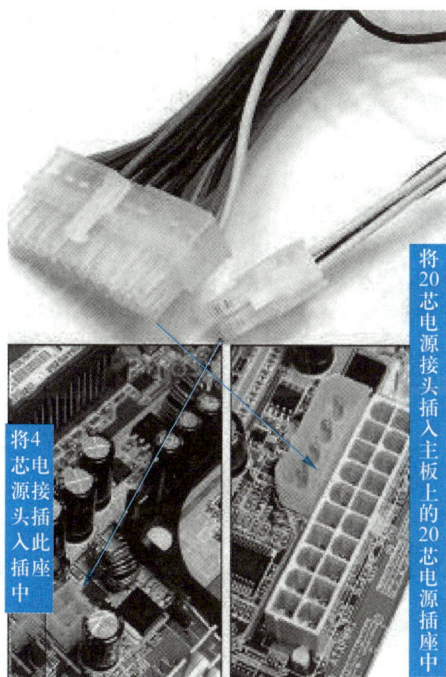

将4芯电源接头插入此插座中

将20芯电源接头插入主板上的20芯电源插座中

图 1-2　机箱内电源连线接口

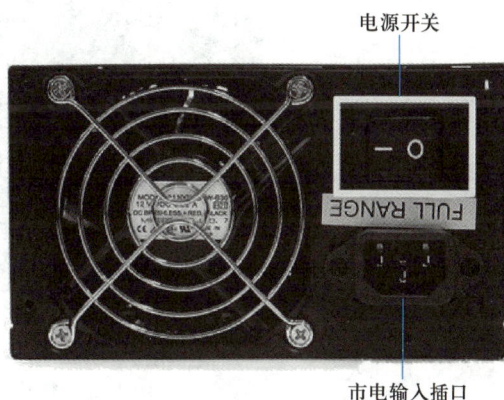

电源开关

FULL RANGE

市电输入插口

图 1-3　机箱外的电源接口

（2）安装 CPU、CPU 电源和 CPU 散热器

把主板安装到机箱之前，要将 CPU 和内存条插到主板上，并将主板固定到机箱底部。首先，将 CPU 芯片按标志放入 CPU 插座，一定要放平并与 CPU 插座紧密接触，仔细查看 CPU 引脚是否弯曲，若发现有弯曲的引脚，应该用镊子把它们逐一夹直，然后把 CPU 插座拉杆放到底。

由于部分 CPU 耗电量巨大，系统还需要单独为 CPU 供电，因此在 CPU 的附近提供了一个 4 芯的电源插座，连接时将电源输出端一个正方形的四芯电源插头对准卡座插入。4 芯电源插头除连接普通的 IDE 设备外，还可以给另购的机箱风扇或显卡供电，连接时常需要转接，只需将输出端的公头插入连接端的母头。

接着，再安装 CPU 散热器。最好先在 CPU 表面涂少许导热硅胶，再把 CPU 散热器及风扇安装在 CPU 上，先将卡具的一端固定在 CPU 插座侧边的塑料卡子上，再放平散热片，使其能完全贴附在 CPU 核心表面上，然后再按下卡具的固定锁，使其固定在 CPU 插座另一端的塑料卡子上。为 CPU 加装了散热器后，将散热器的电源输入端（深红色）插入主板上 CPU 附近的 "CPU FAN" 上，如图 1-4 所示。

图 1-4　CPU 散热器的电源插入主板上的 "CPU FAN"

（3）安装内存条

主板上一般都有 1~4 个内存插槽，一般用户都只使用一条内存。在安装内存条时尽量选择靠近 CPU 插座的插槽上安装，然后按标记的顺序将内存条插入插槽内。在安装时注意将内存条往下按时，双手需均匀用力，当插槽两边的扣自动卡住内存条时，则内存条安装完毕。安装完内存条后，用机箱附带的螺丝将主板固定，如图 1-5 所示。

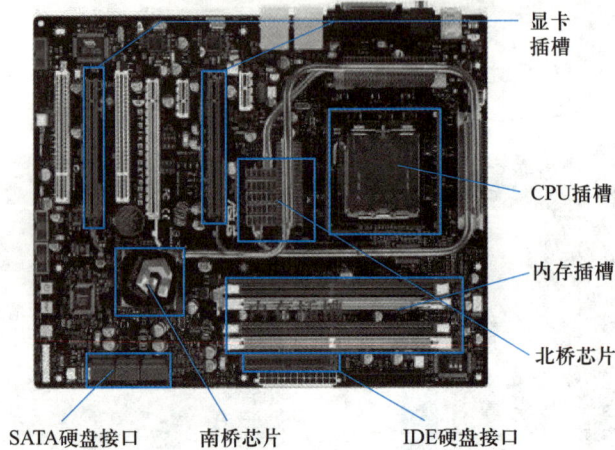

图 1-5　主板上的内存插槽示意图

（4）安装主板控制线

CPU 和内存条安装完成后，将主板固定在机箱底部。注意，主板上的接口与机箱后面的接口孔需对应。机箱上有很多用来连接主板的控制线，如电源开关、复位开关、电源灯、硬盘灯等。将主板上所带的数据排线取出来，最宽的一根是硬盘数据线。

主板的 IDE 接口分别标明有 IDE1（或 Primary IDE）和 IDE2（或 Secondary IDE）字样。确定 IDE1 的位置，再观察数据排线，一边有一根红色的数据线是数据排线的一号线。将数据排线的一号线和接口上的位置对应起来即可，然后安装第二根排线，为下一步安装光驱做好准备。

（5）安装光驱、硬盘

在安装光驱、硬盘之前，要先设置好它们之间的主从关系，再将光驱、硬盘安装在机箱相应的位置上。IDE 设备包括光驱、硬盘等，在主板上一般都标有 IDE1、IDE2，可以通过主板连接两组 IDE 设备，通常情况下将硬盘连接在 IDE1 上、光驱连接在 IED2 上。该类设备正常工作都需要两类连线：一为 80 针的数据线（光驱可为 40 针），二为 4 芯电源线。连接时，先将数据线蓝色插头一端插入主板上的 IDE 接口，再将另一端插入硬盘或光驱接口；然后把电源线接头插在 IDE 设备的电源接口上。由于数据线及电源线都具有防插反设计，插接时不要强行插入，如不能插入就换一个方向试试，如图 1-6 所示。

SATA 接口连线：目前 SATA 硬盘已经大量使用，支持 SATA 硬盘的主板上标有 SATA1、SATA2，如图 1-7 所示就是 SATA 硬盘的数据线接口，通过扁平的 SATA 数据线（一般为红色）就可与 SATA 硬盘连接。

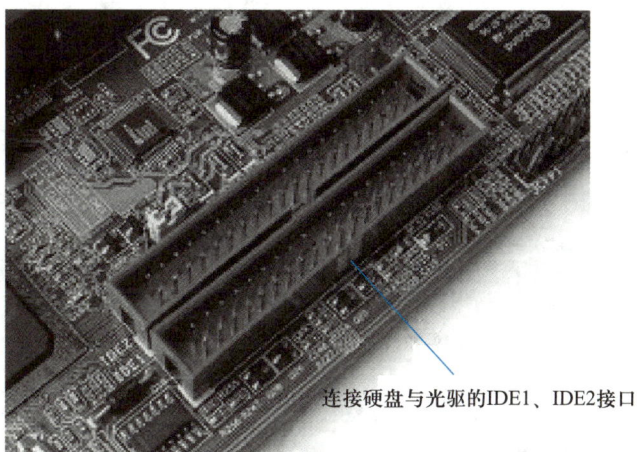

连接硬盘与光驱的IDE1、IDE2接口

图 1-6　硬盘和光盘的接口示意图

（6）安装显卡

显卡的接口有两种：AGP 接口和 PCI-E 接口。首先，要查看显卡接口的类型，根据显卡的接口类型选择使用主板上的接口。然后，观察机箱内主板上的显卡插槽位置，从机箱后壳上拆除对应插槽上的挡板。最后，将显卡对准插槽将其插入插槽中，确认显卡上的插口金属触点与插槽完全接触在一起，用螺丝将显卡固定在机箱壳上。

观察实践：你的计算机上显卡的接口是哪种？插在主板的什么位置？

（7）主机外其他接口

PS/2 接口（蓝绿色）：PS/2 接口有两组，分别为下方（靠主板 PCB 方向）紫色的键盘接口和上方绿色的鼠标接口，两组接口不能插反，否则将找不到相应硬件；在使用中也不能进行热拔插，否则会损坏相关芯片或电路。USB 接口（黑色）：接口外形呈扁平状，是家用计算机外部接口中唯一支持热拔插的接口，可连接所有采用 USB 接口的外部设备，具有防呆设计，反向将不能插入。网卡接口：

图 1-7　SATA 数据线与 SATA 硬盘接口

该接口一般位于网卡的挡板上（目前很多主板都集成了网卡，网卡接口常位于 USB 接口上端），可将网线的水晶头直接插入，正常情况下网卡上红色的链路灯会亮起，传输数据时则亮起绿色的数据灯。MIDI/游戏接口（黄色）：该接口和显卡接口一样有 15 个针脚，可连接游戏摇杆、方向盘、二合一的双人游戏手柄以及专业的 MIDI 键盘和电子琴。上述接口如图 1-8 所示。

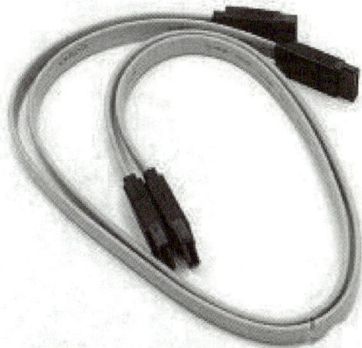

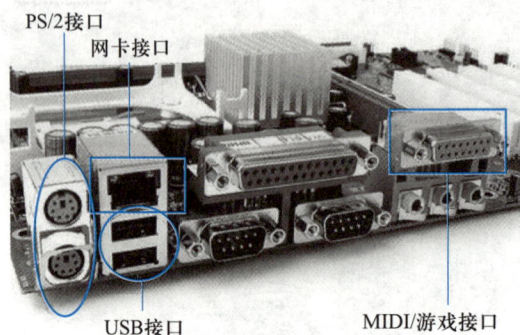

图 1-8 PS/2、USB、网卡、MINI 游戏接口

Line Out 接口（淡绿色）：靠近 COM 接口，通过音频线用来连接音箱的 Line 接口，输出经过计算机处理的各种音频信号；Line In 接口（淡蓝色）：位于 Line Out 和 Mic 中间的那个接口，为音频输入接口，需和其他音频专业设备相连，家庭用户一般闲置无用；Mic 接口（粉红色）：Mic 接口与麦克风连接，用于聊天或者录音。上述接口如图 1-9 所示。

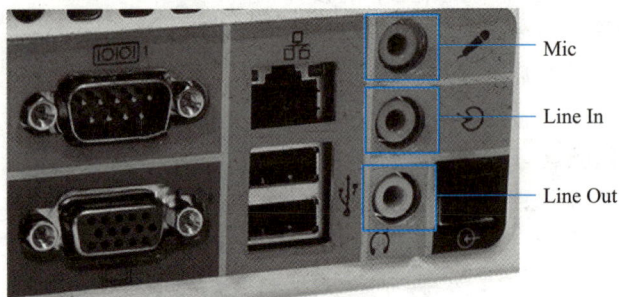

图 1-9 Line In、Line Out 和 Mic 接口

COM 接口（深蓝色）：平均分布于并行接口下方，该接口有 9 个针脚，也称之为串口 1 和串口 2，可连接游戏手柄或手写板等配件；LPT 接口（朱红色）：该接口为针脚最多的接口，共 25 针，可用来连接打印机或者扫描仪。如图 1-10 所示。

观察实践：你周围打印机的接口是什么类型？

（8）将显示器与主机相连

蓝色的 15 针 Mini-D-Sub（又称 HD15）接口是一种模拟信号输出接口，用来双向传输视频信号到显示器，该接口用来连接显示器上的 15 针视频线，需插稳并拧好两端的固定螺丝，以便让插针与接口保持良好接触，如图 1-11 所示，可将其接入如图 1-10 所示的对应的蓝色显卡接口上。

（9）机箱面板及其他连线

前置 USB 连线：如图 1-12 所示，机箱面板上大都提供了两个前置的 USB 接口，而 USB 连线正起到连接前置 USB 接口和主板的作用。每组 USB 连线大多合并在一个插头内，先找到主板上标注 USB1234 的接口，依照主板说明书上要求的顺序插入。

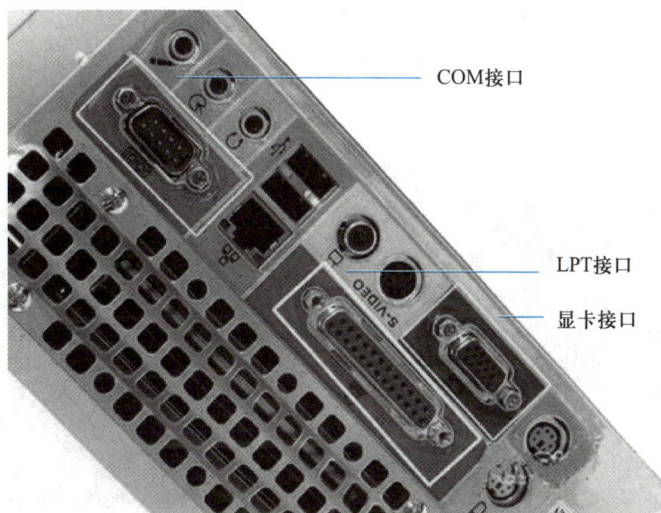

图 1-10　COM 接口、LPT 接口和显卡接口

图 1-11　显示器 HD15 接口

图 1-12　USB 连线

开机信号线：如图 1-13 所示，从机箱面板中的一组连线中找到开机信号线。开机信号线由白色和朱红色的标注有 POWER SW 的两针接头组成，这组线连接的是开机按钮。只需将这个接头插入主板机箱面板插线区中标注有 PWR 字符的金属针上即可开机。

重启信号线：是标注有一个 RESET SW 的两针接头，它连接的是主机面板中的 Reset 按钮（重启按钮），这组接头的两根线分别为蓝色和白色，将其插入到主板上标注了 Reset 的金属针上。

硬盘指示灯线：在读写硬盘时，硬盘灯会发出红色的光，以表示硬盘正在工作。而机箱面板连线中标注 HDD LED 的两针接头即为它的连线，将这两根红色和白色线绞在一起的接头与主板上标注 HDD LED 的金属针连接。

机箱喇叭线：机箱喇叭线（作用是开机声音提示）标注 SPEAKER 的接头是几组线中最大最宽的，该接头为黑色和红色两根交叉线。将这个接头插入主板上标有 SPEAKER 或 SPK 的金属针上（注意红色的线接正极，即"＋"插针）。

（10）装入机箱

将安装好的主板固定在机箱内，并将硬盘、光驱、软驱、电源、适配器、显卡、声卡等设备安装到机箱中。如使用的是集成显卡、声卡，可略过此类部件的安装过程。完成所有安装后，使用奇异扎丝线，如图 1-14 所示，将线置于扎丝的圈内，然后扎进扎丝的一头，拉紧，并用剪刀去掉多余的扎丝头，将机箱盖装上。

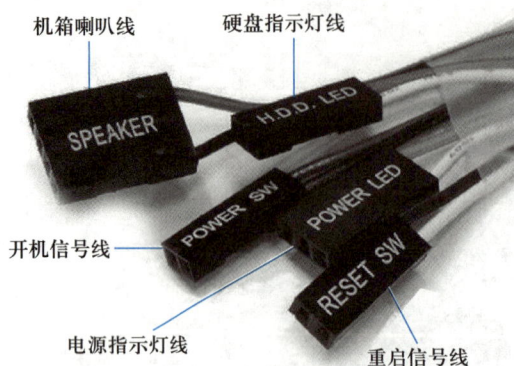

图 1-13　电源指示线、磁盘指示灯线等

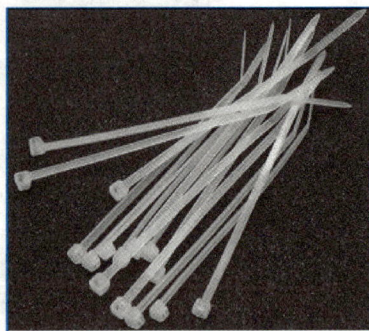

图 1-14　奇异扎丝线

（11）通电检查

开机时先打开外部设备，再打开主机。通电后注意观察有无异常现象，如冒烟、异味、摩擦声、长铃声等，一旦出现异常现象，应立刻关闭电源进行检查。若各个配件均正常，微型计算机启动进入 BIOS 自检过程。微型计算机开机时系统会执行自检例行程序，这是 BIOS 的一部分，也称为 POST（power on self-test，加电自检）。POST 对硬件、CMOS 进行初始化测试，当硬件均正常时，不会给出任何提示。当出现严重硬件故障时，会发出提示或警告声音。

想一想：为什么是先开外部设备，再开主机？如果不这样做，会有什么后果？

【实验思考】

观察主机箱的对外接口及其与各外部设备的连接，分析有无显卡、声卡、网卡，若有，分析它们是主板集成的还是独立的。了解你使用的微型计算机的硬件组成和各部件的性能指标。

实验 2　操作系统的基本应用

一、实验目的

1. 通过"控制面板"实现用户账户、程序的管理，实现 Window 7 操作系统外观的设置，掌握"Windows 资源管理器"的使用。

2. 掌握操作系统中文件管理的方法，掌握 Window 7 操作系统中建立文件和文件夹以及设置文件相关属性的方法。

二、实验原理

教材中有关计算机操作系统的有关知识。

三、实验任务

【任务描述】

以 Windows 7 操作系统为例，完成以下操作设置：创建用户账户，设置用户账户的权限；添加或删除应用程序；设置 Window 7 外观。根据文件的不同类型，对计算机内所有文件按需要进行分类整理，使文件层次清晰，便于日后查找更改。使用"资源管理器"查看文件；复制、移动、删除、重命名、查找文件或文件夹；文件或文件夹的查看与排序；设置文件隐藏、只读属性。

【实验类型】

验证性实验。

【实验步骤】

（1）Window 7 用户账户管理

在 Window 7 系统下，用户账户类型有两种，分别为计算机管理员账户和受限制用户。其中管理员账号在使用系统时，拥有所有权利，包括添加、删除、复制、粘贴、访问、分配其他账户以及权限，此账户无任何限制。建立用户账户的方法如下。

① 单击"开始"菜单中或任务栏上的"控制面板"，如图 1-15 所示。

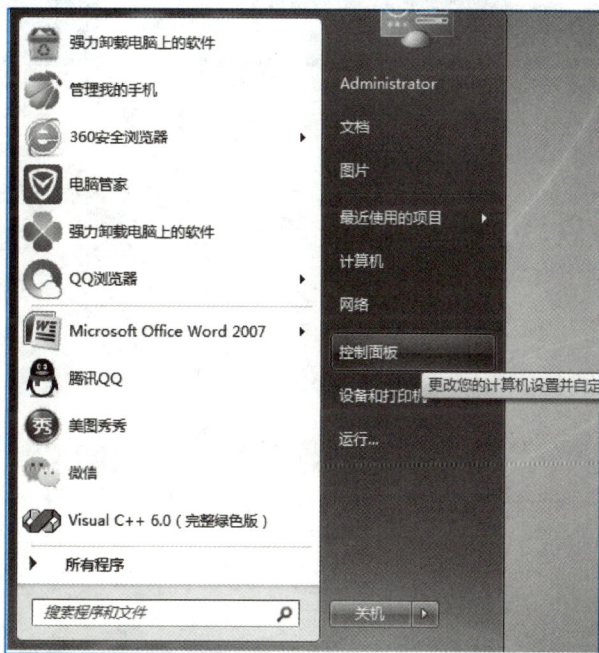

图 1-15　"开始"菜单

打开的"控制面板"窗口如图 1-16 所示。

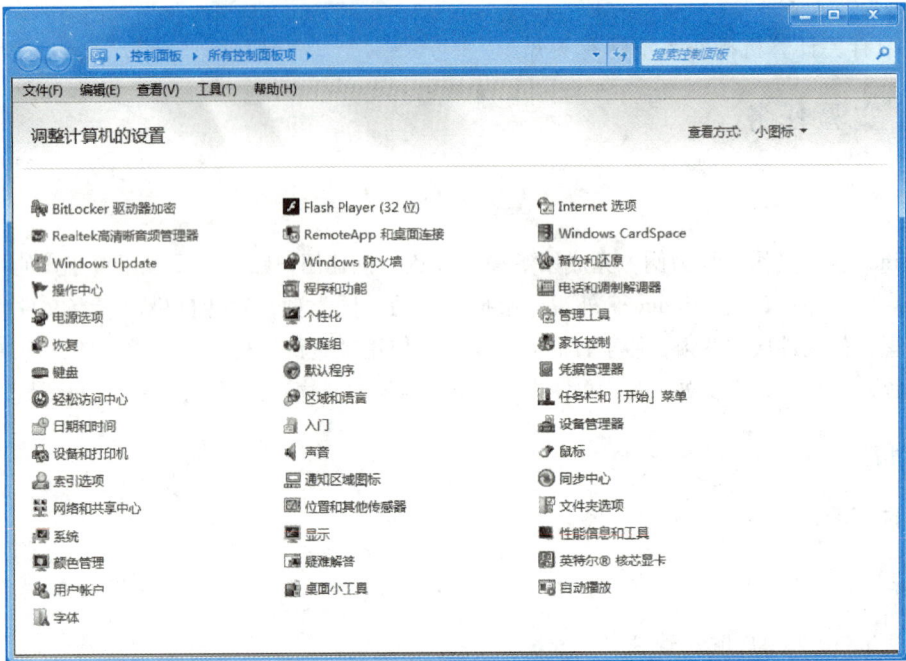

图 1-16   "控制面板"窗口

② 如打开的是类别视图,单击"用户账户和家庭安全"。若是普通视图则单击"用户账户",如图 1-17 所示。

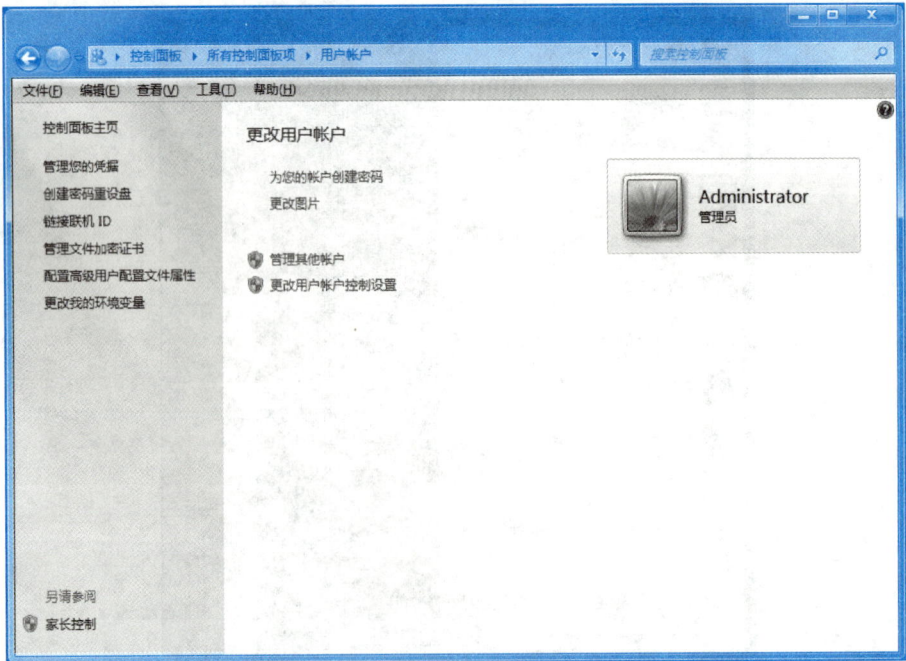

图 1-17   "用户账户"窗口

③ 单击"为您的账户创建密码",打开窗口如图 1-18 所示。

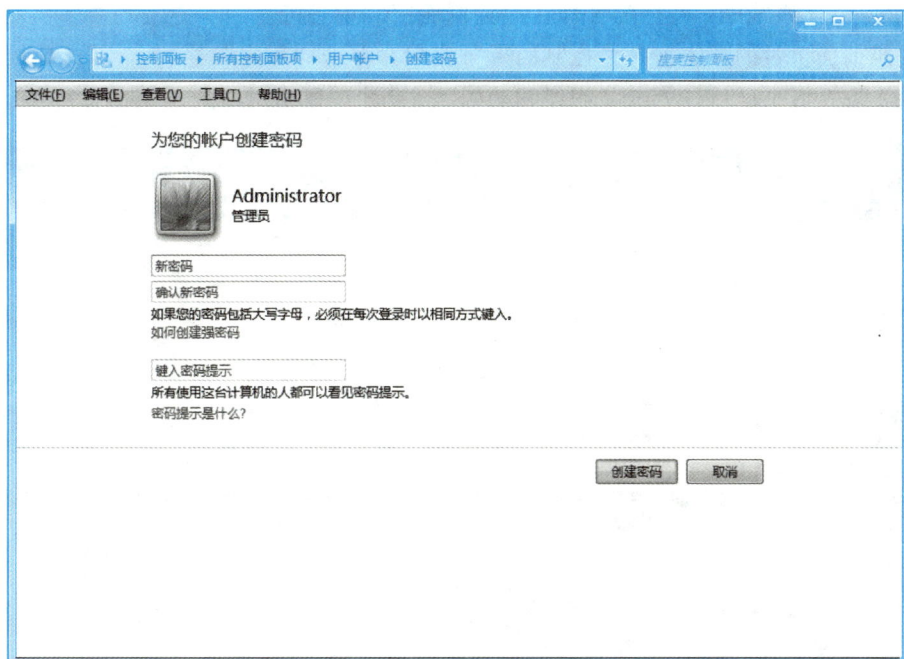

图 1-18　"为您的账户创建密码"窗口

④ 输入密码并确认,必要时可以设置强密码和密码提醒,并单击"创建密码"按钮,用户创建后如图 1-19 所示。

图 1-19　"创建密码"窗口

（2）程序管理

在 Windows 7 系统中，程序的管理在"控制面板"中进行。

① 按照前面讲过的方法进入"控制面板"窗口，单击"程序"。

② 进入下一级页面后，单击"程序和功能"，如图 1-20 所示。

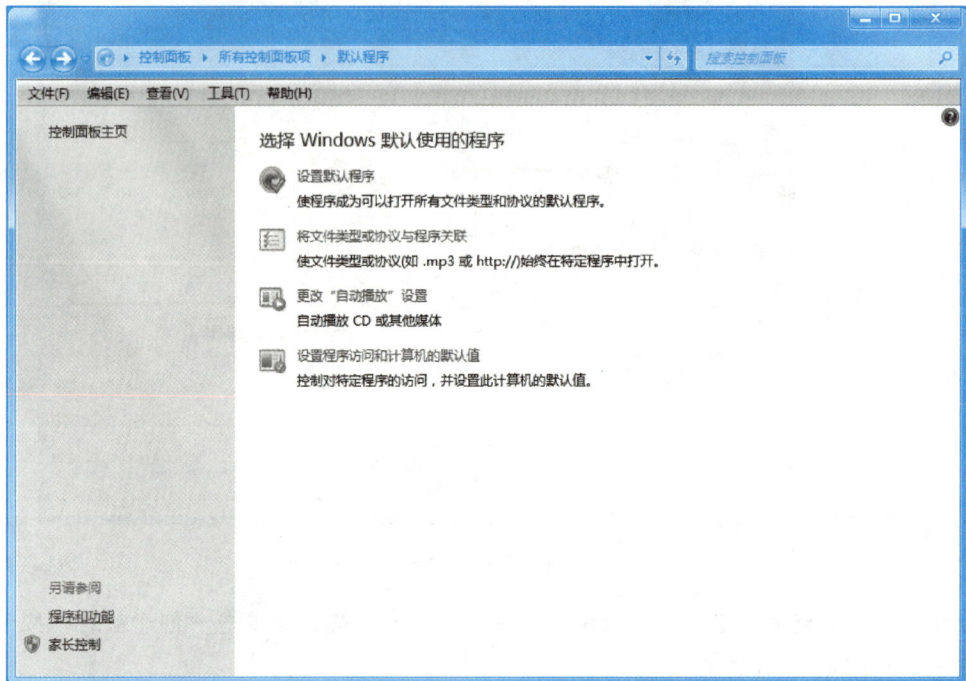

图 1-20 "程序和功能"窗口

③ 进入"程序和功能"窗口后，选择自己要卸载的程序，单击"卸载|更改"。或者右击该程序，单击"卸载 | 更改"，即可完成卸载，如图 1-21 所示。

（3）Windows 7 外观设置

① 设置桌面图标：在桌面上右击，在弹出的菜单中选择"个性化"命令。

② 在弹出的窗口中，可以设置计算机上的视觉效果及声音，包括"桌面背景""窗口颜色""声音""屏幕保护程序"，也可以"更改桌面图标""更改鼠标指针""更改账户图片"，如图 1-22 所示。单击相应的按钮就可以设置相应的内容。

（4）使用 Window 7 资源管理器

"资源管理器"是 Windows 系统提供的资源管理工具。可以利用它查看本台计算机的所有资源，特别是它所提供的树结构的文件系统，可以更清楚、更直观地认识计算机的文件和文件夹。在"资源管理器"中还可以对文件进行各种操作，如打开、复制、移动等。在 Window 7 系统的"资源管理器"窗口中可以打开文件夹或库。"资源管理器"窗口的各个不同部分围绕 Windows 进行导航，可使用户更轻松地使用文件、文件夹和库。

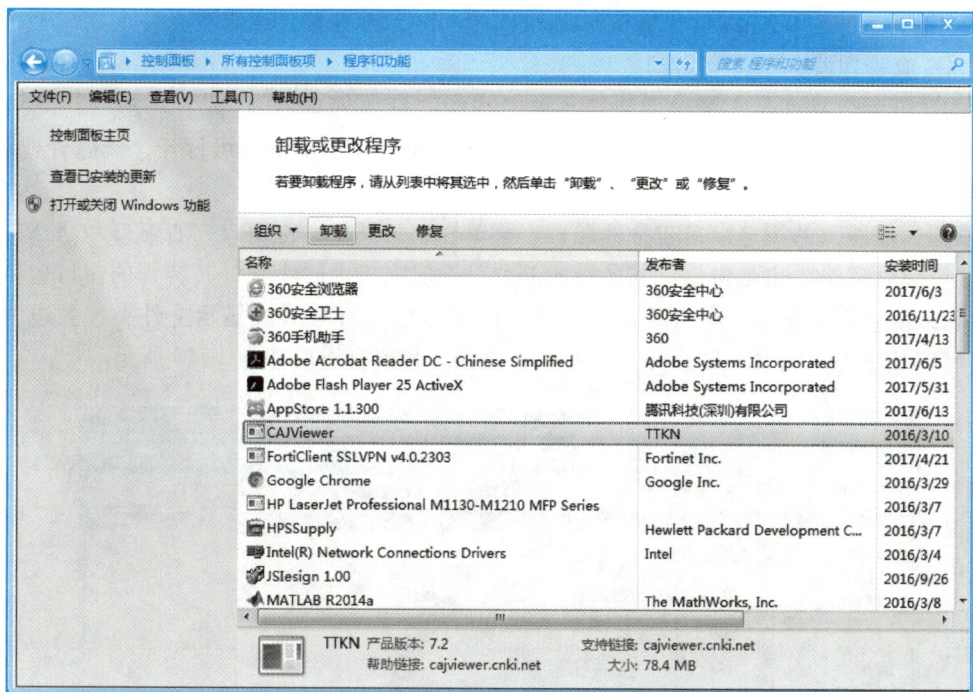

图 1-21   卸载和更改程序和功能

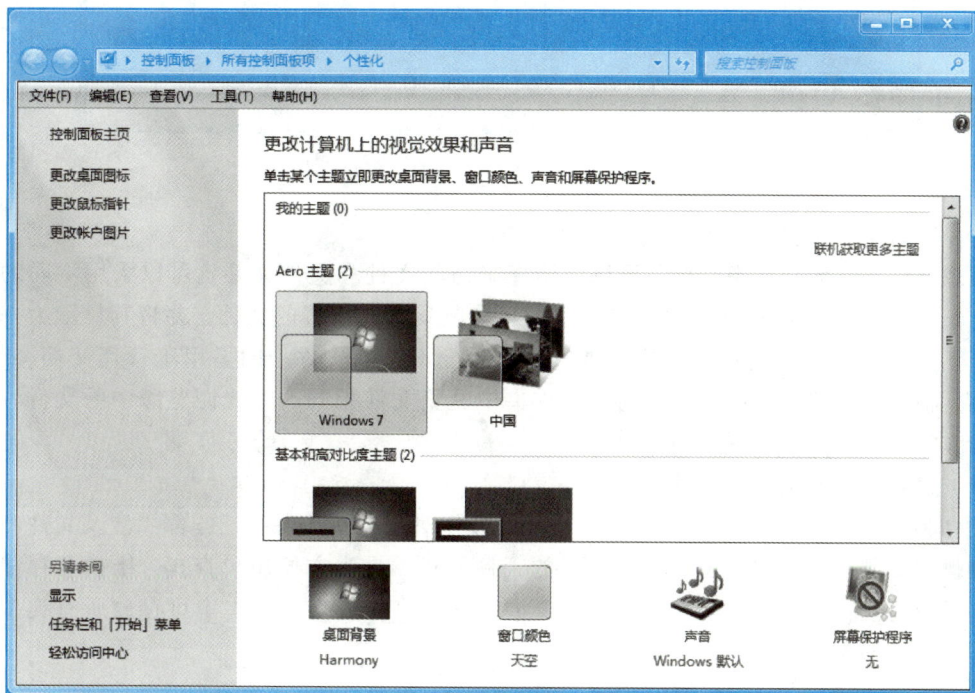

图 1-22   设置"桌面背景"等相关属性

想一想： 如何在 Window 7 中查看计算机的（主频、内存等）基本信息？

① "资源管理器" 的常见启动方法。

右击 "开始" 按钮，在弹出的快捷菜单中选择 "资源管理器"，或者右击 "计算机" 图标，在弹出的快捷菜单中选择 "打开"，或者按 Windows+E 快捷键均可打开 "资源管理器"。

② "资源管理器" 窗口组成。

"资源管理器" 的浏览窗口包括标题栏、菜单栏、工具栏、左窗口、右窗口和状态栏等几部分。"资源管理器" 也是窗口，其各组成部分与一般窗口大同小异，其特别的窗口包括文件夹窗口和文件夹内容窗口。左边的文件夹窗口以树结构的目录形式显示文件夹，右边的文件夹内容窗口是左边窗口中所打开的文件夹中的内容，其窗口组成如图 1-23 所示。

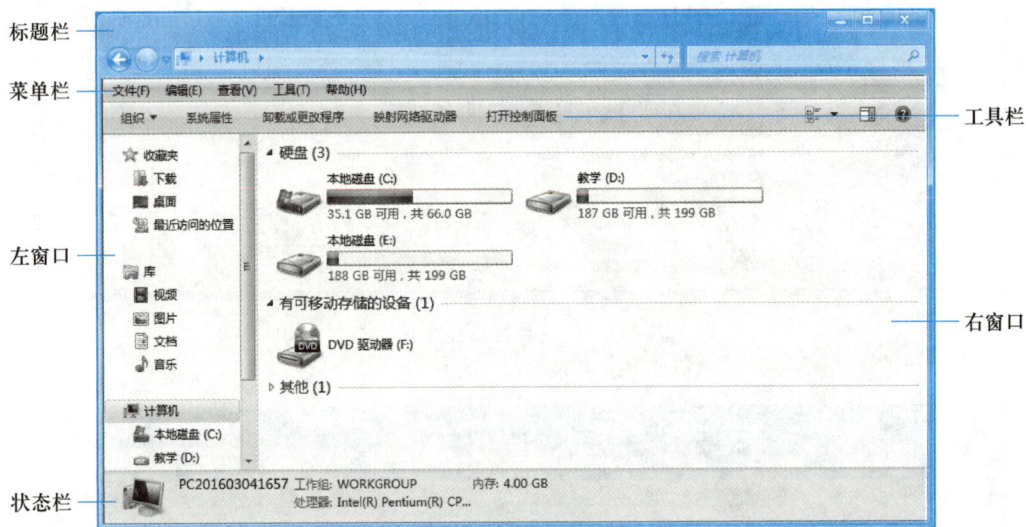

图 1-23 "资源管理器" 窗口

（5）Window 7 新功能——库

整理文件时，无须从头开始，可以使用库来访问文件和文件夹并且可以采用不同的方式组织它们。库是 Window 7 的一项新功能。库可以收集不同位置的文件，并将其显示为一个集合，而不需从其存储位置移动这些文件。库实际上不存储文件。库是用于管理文档、音乐、图片和其他文件的位置。可以使用与在文件夹中浏览文件相同的方式浏览库中的文件。默认库一般包括文档、音乐、图片和视频。

（6）建立、查看文件及文件夹

文件和文件夹是 Window 7 系统中最常见的操作对象，几乎所有任务都要涉及文件和文件夹的操作。文件夹是系统组织和管理文件的一种形式，是为方便用户查找、维护和存储而设置的，用户可以将文件分门别类地存放在不同的文件夹中。在文件夹中可存放所有类型的文件和下一级文件夹。

① 创建文件夹。

双击桌面上的 "计算机" 图标，打开 "计算机" 窗口。

双击想要建立文件夹的盘符，如 "C 盘"。然后在界面的空白处右击，在弹出的快捷菜单中单击"新建"｜"文件夹"命令，如图 1-24 所示。

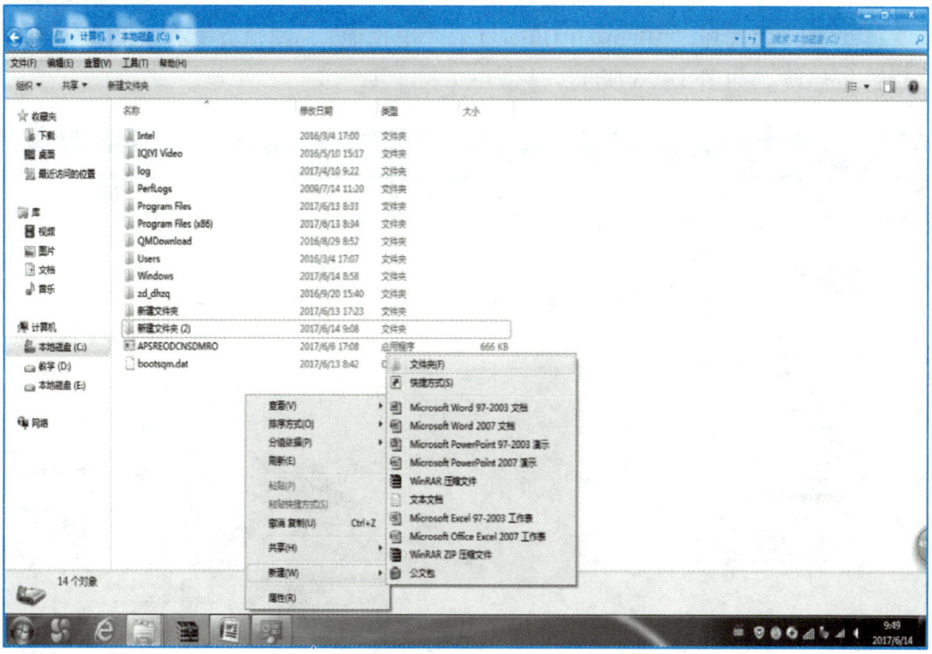

图 1-24　"新建"｜"文件夹"命令

想一想：如何在 Window 7 中查看磁盘的基本信息？

对新建立的文件夹可修改名称，如图 1-25 所示，右击"新建文件夹（2）"，在弹出的快捷菜单中选择"重命名"，可将其修改为需要的名称。文件夹建立后，就可以通过双击文件夹的图标打开一个新的文件子目录。

图 1-25　修改文件夹名称

　　建立文件和建立文件夹的方法基本相同。双击想要建立文件的盘符，如"C盘"。然后在界面的空白处右击，在弹出的快捷菜单中单击"新建"选项，然后在弹出的子菜单中选择想要新建的文件类型，如选择"Microsoft Office Excel 工作表"。同建立文件夹相似，可以对新建的文件名称进行修改。如图 1-26 所示。

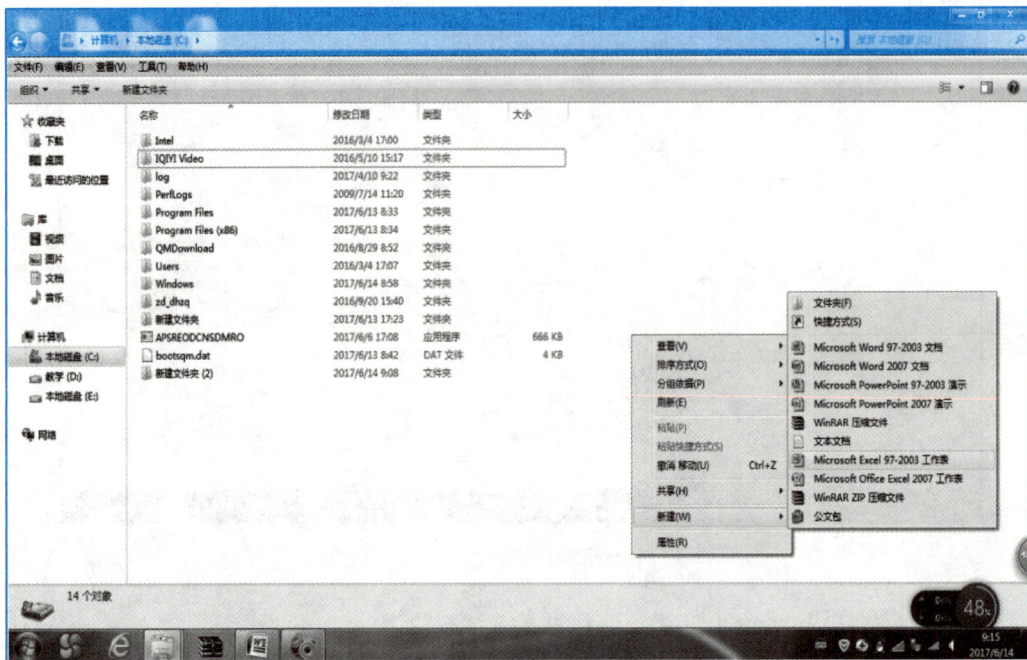

图 1-26　"新建 Microsoft Office Excel 工作表"窗口

　　② 选定文件或文件夹。

　　选定单个文件或文件夹：单击目标文件或文件夹即可选定单个的文件或文件夹。

　　选定多个连续文件或文件夹：单击要选定的第一个文件或文件夹，按住 Shift 键，单击最后一个文件或文件夹，松开 Shift 键。

　　选择多个非连续文件或文件夹：按住 Ctrl 键，逐个单击要选择的每一个文件或文件夹，选择完毕后释放 Ctrl 键即可。

　　选择全部的文件或文件夹：可以执行"编辑" | "全部选定"命令或使用组合键 Ctrl+A。

　　反向选择：首先选定不需要的对象，然后执行"编辑" | "反向选定"命令，则选定原选定对象以外的所有文件或文件夹。

　　③ 建立文件或文件夹的快捷方式。

　　快捷方式是 Windows 提供的一个快速启动程序、打开文件或文件夹的方法，使用快捷方式可以不用按路径一层层地找到相应文件。它是应用程序的快速连接，其扩展名为 .lnk。建立快捷方式的方法有多种，最简单的方法就是用鼠标进行拖动，具体步骤为：右击要建立快捷方式的文件或文件夹，不要释放右键；将文件或文件夹拖动到欲建立快捷方式的目的地；松开右键，在弹出的快捷菜单上选择"在当前位置创建快捷方式"命令；然后修改快捷方式的名称。

（7）文件或文件夹的复制、移动、删除、重命名、查看与排序

① 文件或文件夹的复制。

复制文件或文件夹是将文件或文件夹复制一份，放在其他地方，执行复制命令后，原位置和目标位置均有该文件或文件夹。

方法一：选定要复制的文件或文件夹，右击，选择"复制"命令。在目的文件夹右击，选择"粘贴"命令。

方法二：选定要复制的文件或文件夹，按 Ctrl＋C 键进行复制，选定目标位置，再按 Ctrl+V 键进行粘贴。

② 文件或文件夹的移动。

移动文件或文件夹是将当前位置的文件或文件夹移到其他位置，移动之后，原来位置的文件或文件夹将被删除。

方法一：选定要移动的文件或文件夹，右击，选择"剪切"命令，在目的文件夹右击，选择"粘贴"命令。

方法二：选定要移动的文件或文件夹，按 Ctrl＋X 键进行剪切，选定目标位置，再按 Ctrl+V 键进行粘贴。

不管是"复制→粘贴"，还是"剪切→粘贴"，最终要移动的文件都会出现在目标文件夹中。

方法三：选中要移动的文件或文件夹，然后以拖曳的方式进行文件或文件夹的移动。

用这种方法操作时，如果两个文件或文件夹在一个根目录下，则相当于执行"剪切→粘贴"操作；如果不在一个根目录下，则相当于执行"复制→粘贴"操作。

③ 文件和文件夹的删除。

选中要删除的文件或文件夹，右击，在弹出的快捷菜单中选择"删除"命令即可，如图 1-27 所示。

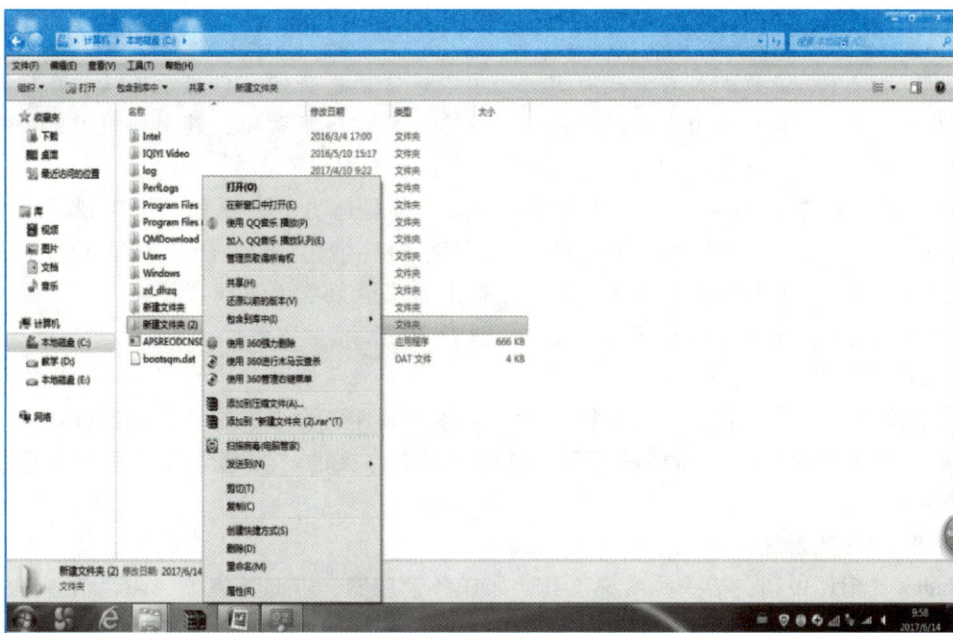

图 1-27　"删除"命令

④ 重命名文件或文件夹。

选中要重命名的文件或文件夹，右击，在弹出的快捷菜单中选择"重命名"命令，如图 1-28 所示。在名称框中输入新的名称，然后按 Enter 键。

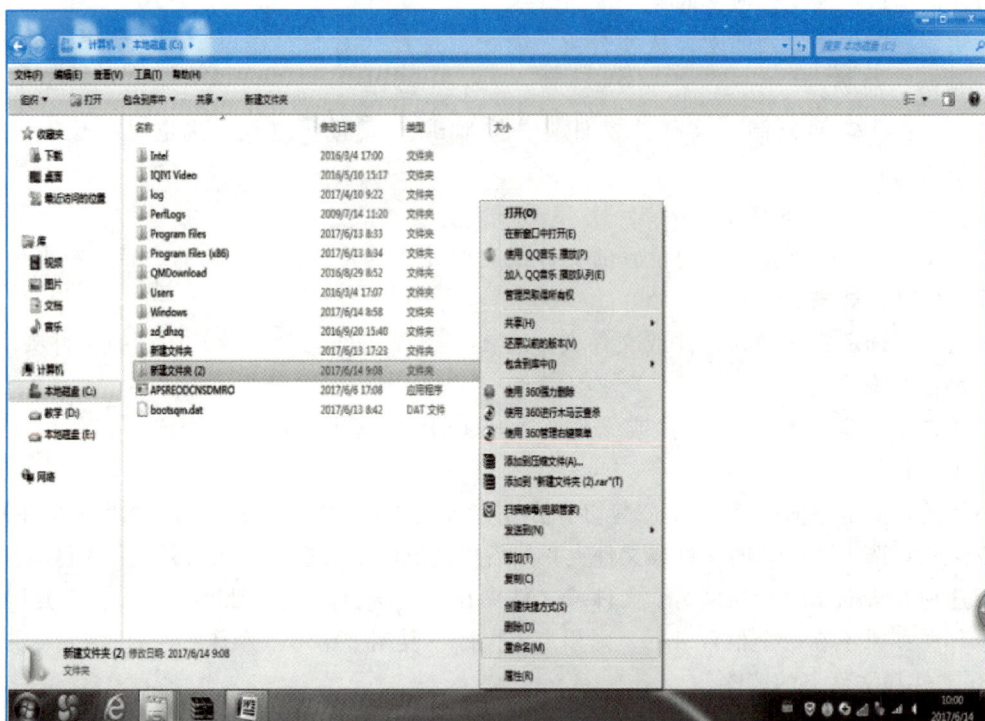

图 1-28　"重命名"命令

⑤ 文件或文件夹的查看与排序。

在同一目录下，文件的查看方式有多种，可以选择最适合的文件显示方法。在打开的目录下右击，在弹出的快捷菜单中选择"查看"命令，会弹出子菜单，其中列出了多种查看该目录下文件的方式，如图 1-29 所示。每种方法显示的界面都不相同。

为方便文件的查找与使用，可以设置不同的文件排序方式。比如，想找到一个名称为"Amy"的文件夹，则可以按字母顺序排序，那么该文件夹就会出现在很靠前的位置。设置文件排序的方法如下：在打开的目录下右击，在弹出的快捷菜单中选择"排序方式"命令，会弹出子菜单，其中列出了多种排序的方式，如图 1-30 所示。

⑥ 文件或文件夹的属性设置。

右击文件或文件夹，在弹出的快捷菜单上选择"属性"命令，在弹出的属性对话框可以对文件或文件夹的属性进行简单的设置，包括设置文件夹的"只读"和"隐藏"属性，如图 1-31 所示。

（8）Window 7 系统工具

Window 7 附件中还包括一些系统工具，如任务管理器、资源监视器、磁盘清理程序、磁盘碎片整理程序等。用户可以使用这些系统工具来维护和优化系统。

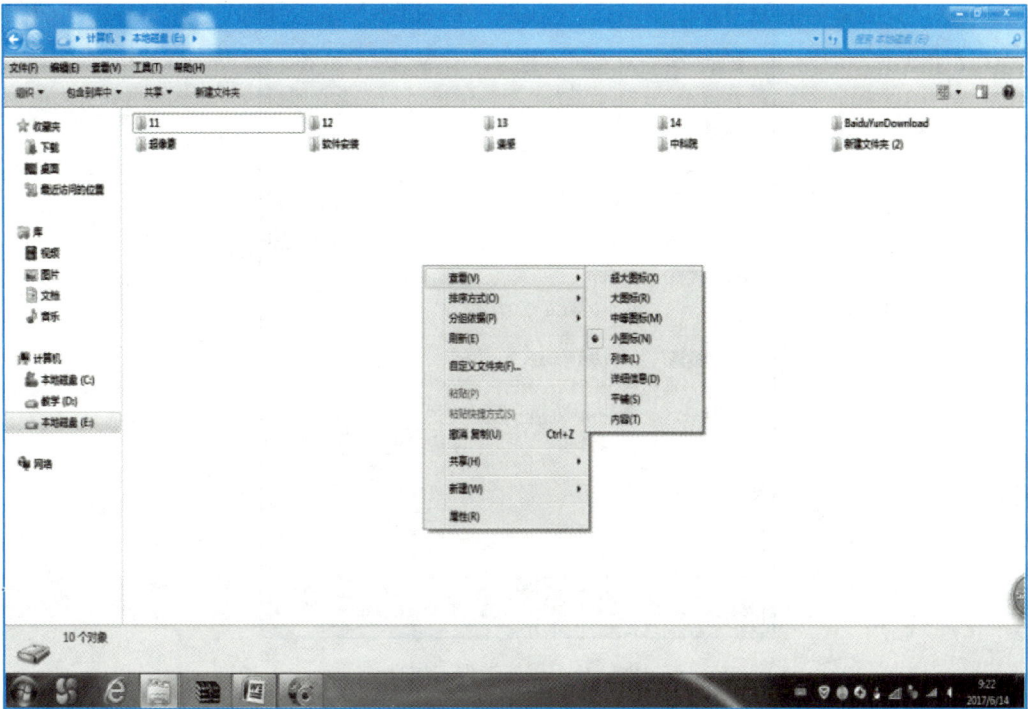

图 1-29　"查看"命令

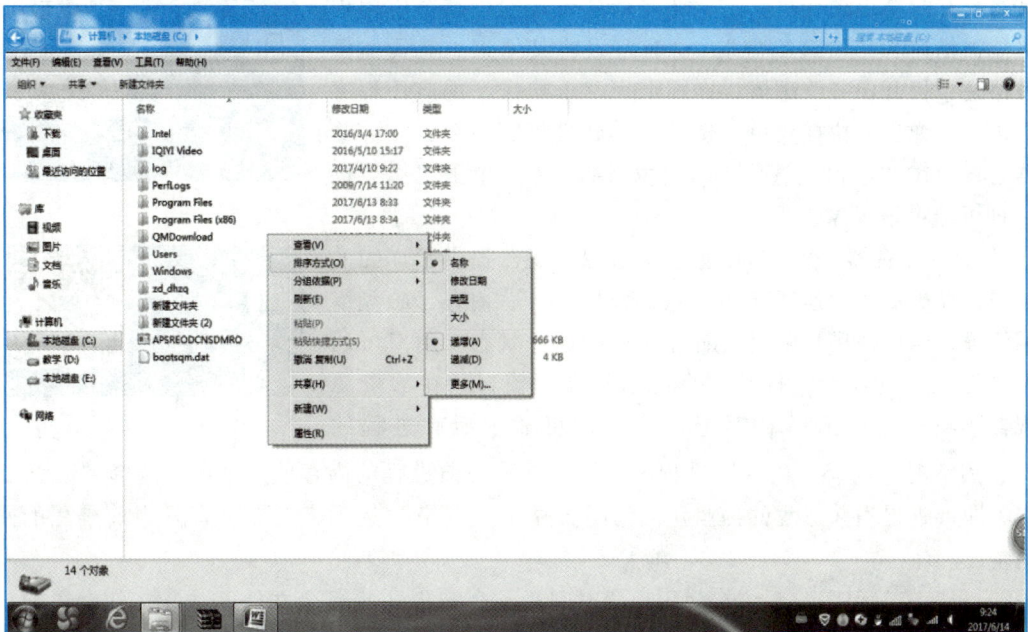

图 1-30　"排序方式"命令

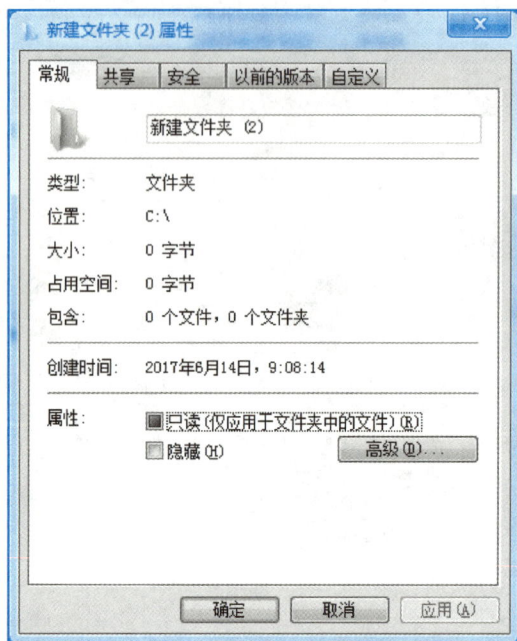

图 1-31　设置文件夹属性

① 任务管理器。任务管理器是 Windows 系统的一个检测工具，可以帮助用户随时检测计算机的性能。在 Window 7 系统中按 Ctrl+Shift+Esc 键可打开任务管理器。

系统有时会出现死机状态，此时任务管理器中某个应用程序可能被描述为"没有响应"，这时可以将其结束。其具体操作方法是：打开任务管理器，在标记为"未响应"的应用程序上右击，在弹出的快捷菜单中选择"转到进程"命令，任务管理器会自动在"进程"选项卡中定位目标进程，单击"结束进程"即可结束该程序进程。

微视频 1-2：
任务管理器、资源监视器、磁盘清理程序

② 资源监视器。Windows 系统的资源监视器提供了详细的系统与计算机的各项运行状态信息，包括 CPU、内存、磁盘以及网络等，以方便用户随时查看计算机的运行状态。用户可切换至"性能"选项卡，打开"资源监视器"窗口。在"资源监视器"窗口中，选择 CPU 选项卡，即可显示所有进程的

微视频 1-3：
磁盘碎片整理程序

CPU 使用情况。选择"内存"选项卡，即可查看当前进程的内存使用情况。选择"磁盘"选项卡，即可查看当前进程的磁盘访问情况。选择"网络"选项卡，即可查看当前进程的网络活动情况。

③ 磁盘清理程序。系统在使用一段时间后，会产生一些冗余文件，这些文件会影响计算机的性能，使用 Windows 系统自带的磁盘清理程序可以清理磁盘冗余信息。

④ 磁盘碎片整理程序。在使用计算机进行创建、删除文件或者安装、卸载软件等操作时，会在硬盘内部产生很多磁盘碎片。碎片的存在会影响系统往硬盘写入或读取数据的速度，而

且由于写入和读取数据不在连续的磁道上，也加快了磁头和盘片的磨损速度。

【实验思考】

如何根据当前日期和时间设置计算机的日期和时间？

实验 3　虚拟机的安装与使用

一、实验目的

1. 了解虚拟机的基本概念。
2. 学会虚拟机软件 VMware Workstation 10.0 的安装。
3. 掌握虚拟机软件菜单栏中各项功能的使用。

二、实验原理

教材中计算机软件系统的有关知识。

三、实验任务

【任务描述】

在 Window 7 下安装虚拟机系统软件 VMware Workstation 10.0；启动 VMware Workstation 10.0，在其中创建一个新的虚拟计算机；为新建的虚拟计算机安装操作系统 Windows XP；掌握虚拟机软件菜单栏中各项功能的使用。

【实验类型】

验证性实验。

【实验步骤】

虚拟机是"虚拟"的计算机，通过虚拟机软件可以在一台物理计算机上模拟出一台或多台虚拟的计算机，这些虚拟机完全就像真正的计算机那样工作，与真正的计算机工作环境几乎没什么区别。

（1）下载并安装虚拟机系统软件 VMware Workstation 10.0

要在当前系统中实现虚拟机，必须安装一种虚拟机的运行环境支撑软件。目前适合个人计算机使用的主流虚拟机系统软件有 VMware Workstation、Virtual Box 和 Virtual PC，本书中使用的是 VMware Workstation 10.0。

① 在网站上下载 VMware Workstation 10.0 的安装包并运行。
② 依次单击"下一步"按钮，直至安装完成。

（2）启动 VMware Workstation 10.0

① 在"开始"菜单中找到 VMware Workstation 10.0 菜单项。

② 运行 VMware Workstation 10.0，其主界面如图 1-32 所示。

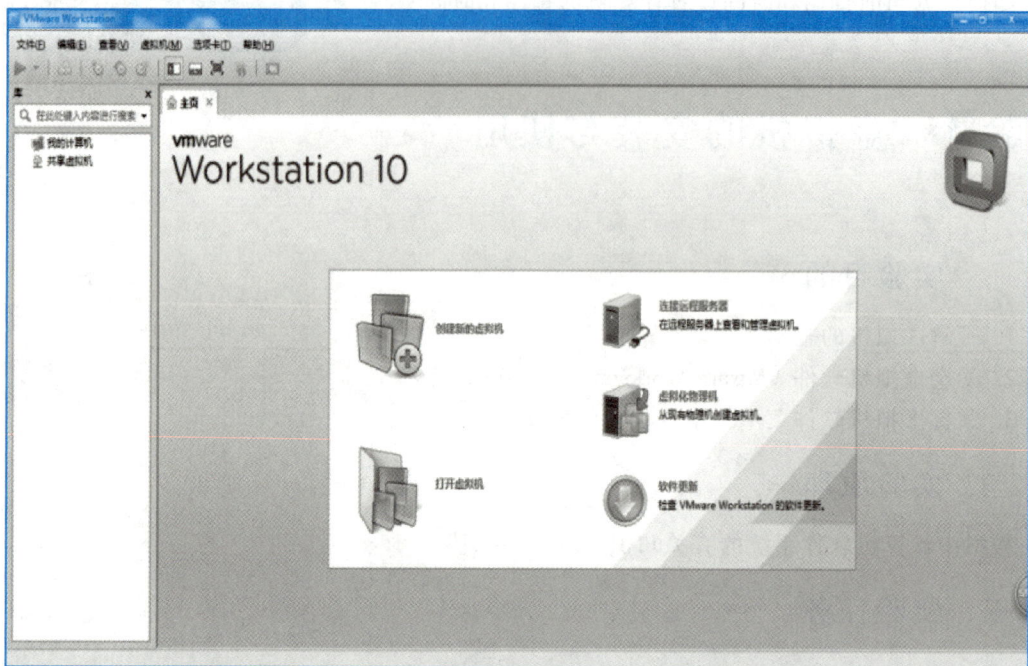

图 1-32　VMware Workstation 10.0 主界面

（3）为安装 Windows XP 创建一个新的虚拟计算机

组装一台真正的计算机时，不但要考虑预算是否足够，还要考虑各部件的性能参数、品牌，甚至形状、大小、颜色等因素。组装虚拟计算机时，硬件是虚拟的、标准的、没有价格的，很多不影响虚拟机性能的部件（如键盘、鼠标、显示器、声卡、光驱）都不需要选择，直接使用标准配置（默认自动选择），需要用户选择的是影响虚拟机性能的关键部件：主板、放置位置、计划在虚拟机中安装的操作系统、CPU 数量（高级的虚拟化系统还可选择主频）、内存大小、网卡类型（联网方式）、硬盘大小。

要求创建虚拟机的配置为 1 个双核 CPU、512 MB 内存、1 个 40 GB 硬盘，光驱、网卡、键盘、鼠标、显示器、声卡等为系统默认标准配置。

① 单击图 1-32 中的"创建新的虚拟机"链接，启动新建虚拟机向导。选择"典型（推荐）"方式，如图 1-33 所示。VMware 提供了两种新建虚拟机的方式："典型（推荐）"和"自定义（高级）"。"典型（推荐）"比较简单，很多选项为默认值，但不够灵活；"自定义（高级）"方式则由用户自主选择相应的硬件，需要用户对计算机硬件比较熟悉。

② 单击"下一步"按钮，进入"选择虚拟机硬件兼容性"对话框，选择虚拟机的硬件兼容性相当于选择主板性能。建议选择系统默认值"Workstation 10.0"，如图 1-34 所示，它提供的虚拟硬件及特性最多，支持 64 GB 内存、10 个处理器、10 个网络适配器、8 TB 硬盘大小。若虚拟机上所要安装的操作系统比较旧，很多新的硬件不支持，则应选择其他合适值。

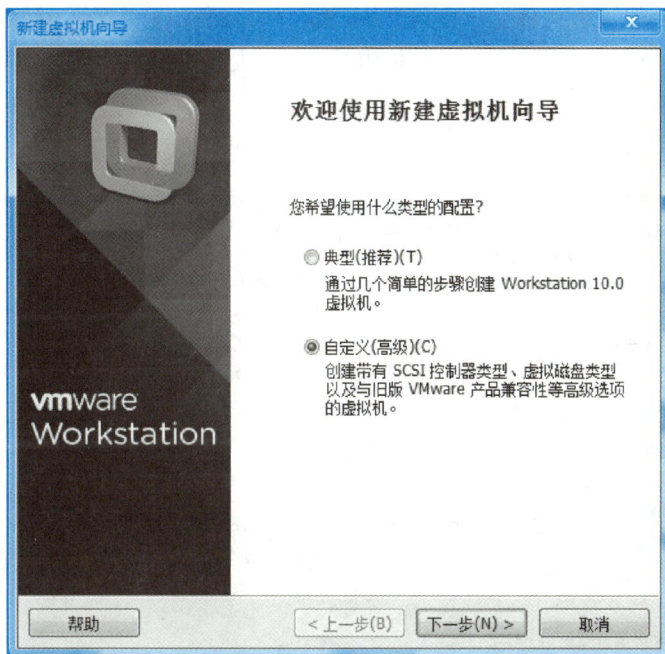

图 1-33　选择虚拟机的配置类型

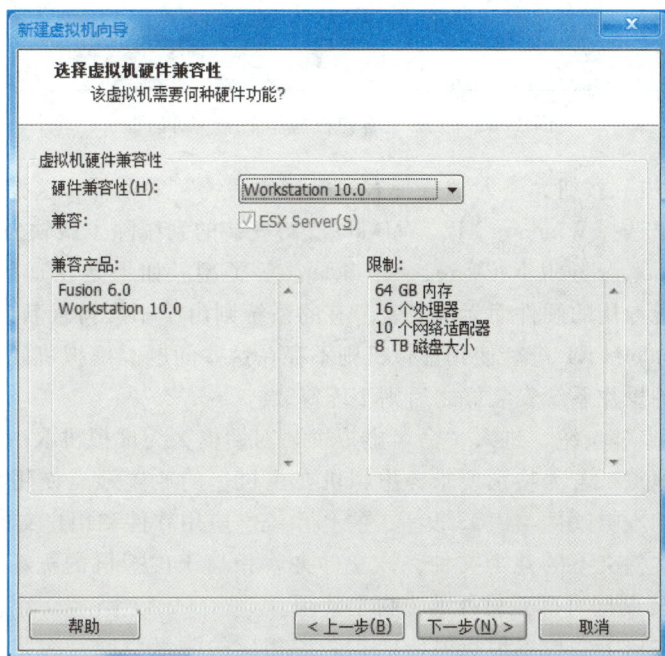

图 1-34　"选择虚拟机硬件兼容性"对话框

③ 单击"下一步"按钮，进入"安装客户机操作系统"对话框，选择从哪里安装操作系统，如图 1-35 所示。虚拟机上运行的操作系统，可以选择从物理光驱，也可以选择从 ISO 格

式的光盘映像文件安装。若选择二者之一，要求用户此时有相应系统的安装光盘或 ISO 格式的光盘映像文件，VMware 能从光盘上自动判断用户要安装的操作系统并进行相应的设置。如果不希望自动安装系统，或者用户使用的是如"电脑公司特别版"之类的 Ghost 安装盘，则应选择第 3 项"稍后安装操作系统"。本实验要求选择第 3 项。

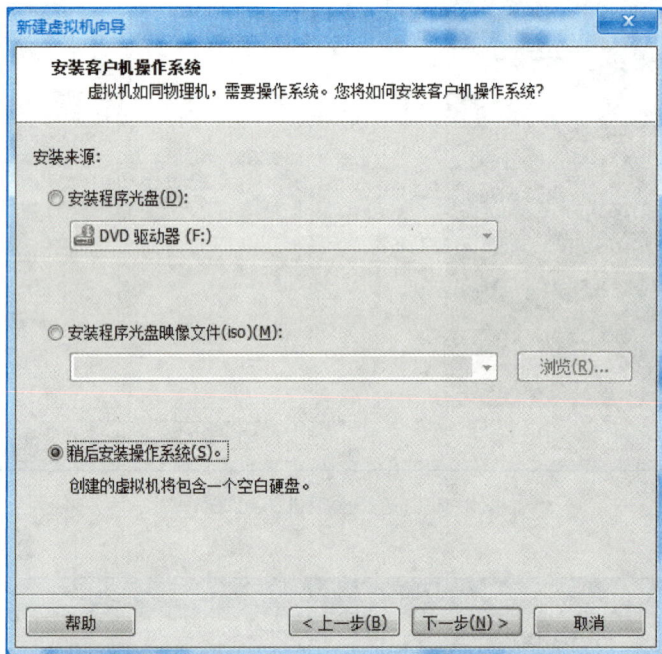

图 1-35　"安装客户机操作系统"对话框

④ 单击"下一步"按钮，进入"选择客户机操作系统"对话框，选择安装到虚拟机上的操作系统类型，这里选择 Windows XP。VMware 支持安装的系统除了微软公司的 Windows 全部系列，还可安装 Linux、Novell NetWare、Sun Solaris 等类型。如果是在真正的计算机上安装，有的系统将由于缺乏专用的硬件而无法安装，有的系统则由于不支持最新的硬件而无法安装，如 Windows 98、Windows NT 等。使用虚拟机则不存在这些问题。虚拟机硬件创建好之后还可以修改，但虚拟机的操作系统安装好之后则不能修改。

⑤ 单击"下一步"按钮，进入"命名虚拟机"对话框，为虚拟机取一个名字并选择虚拟机在主机上的放置地点。若无特别要求，虚拟机在主机上的放置地点使用系统提供的默认值即可。虚拟机所有的虚拟硬件、BIOS 设置、操作系统、应用软件和用户文件等，一般情况下，在主机中就是某个文件夹下的几个文件，该文件夹就相当于虚拟机的机箱。因此，只需要将该机箱（文件夹）复制即可搬至另外的主机上使用。

指定虚拟机在主机上的放置地点时，应先考虑相应的磁盘空间是否足够。若主机上有多块物理硬盘，则建议将虚拟机放置在与主机操作系统不同的物理硬盘上，以提高虚拟机的运行速度。

⑥ 单击"下一步"按钮，进入"处理器配置"对话框，选择 CPU 数量，如图 1-36 所示，"处理器数量"和"每个处理器的核心数量"一起决定系统的 CPU 数量。

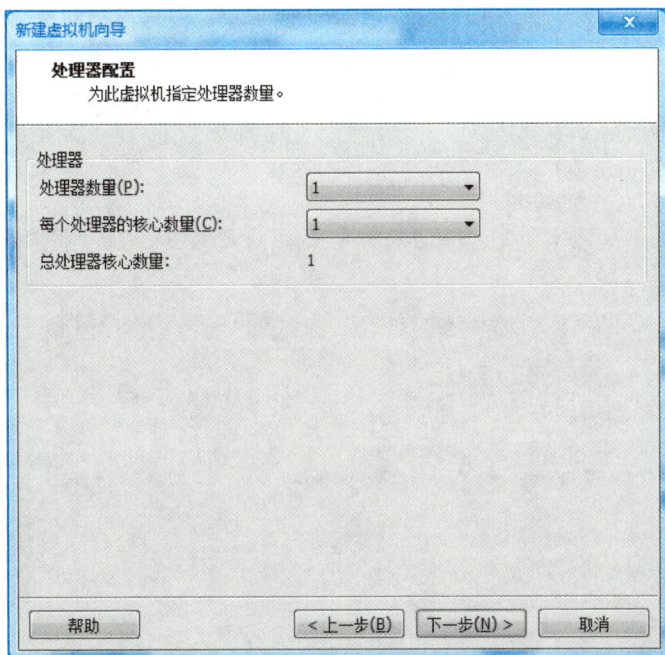

图 1-36　"处理器配置"对话框

　　⑦ 单击"下一步"按钮，进入"此虚拟机的内存"对话框，选择虚拟机的内存大小。如果主机配置的物理内存较大，则应为虚拟机选配较大的内存，以提高其运算速度，如图 1-37 所示。

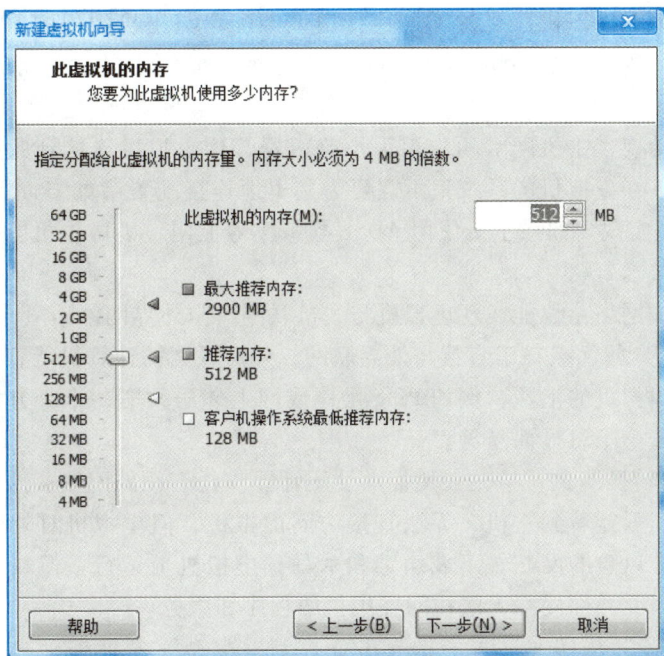

图 1-37　"此虚拟机内存"对话框

⑧ 单击"下一步"按钮，进入"网络类型"对话框，选择虚拟机的网卡及联网方式，如图 1-38 所示，虚拟机不要网卡也可以工作，网卡及联网方式主要有以下 3 种选择。

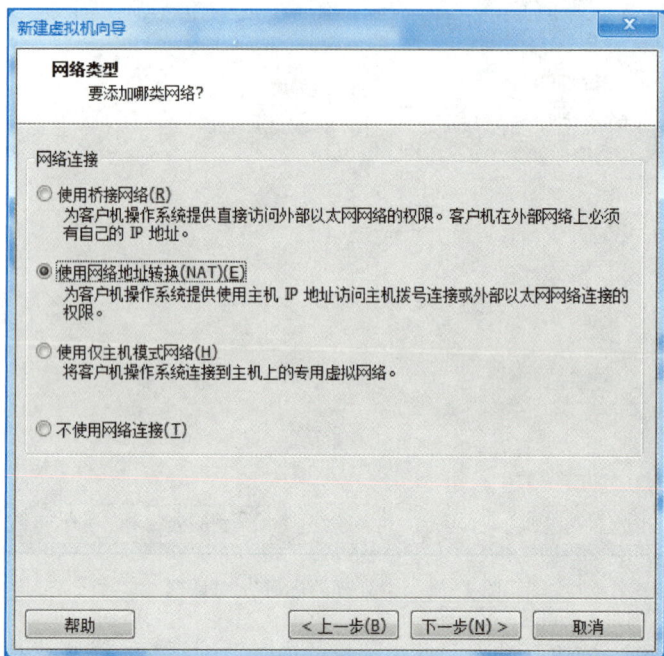

图 1-38 "网络类型"对话框

使用桥接网络：主机网卡的作用为透明网桥或交换机，让虚拟机通过主机的物理网卡直接与外部联网，需要在虚拟机系统的本地连接属性上配置与主机类似的 IP 地址、子网掩码、网关、DNS 等参数。如果主机使用 ADSL 虚拟拨号上网，或使用自动分配 IP 上网，则虚拟机也应作相应设置。

使用网络地址转换：主机网卡的作用为小路由器，让虚拟机连接到此路由器，通过此路由器上网。该方式下在虚拟机的系统里不需要为其本地连接配置诸如 IP 地址等网络参数，其由 VMware 自动分配实现。如果主机使用 ADSL 虚拟拨号上网，则虚拟机能上网的前提是主机系统已完成拨号连接。

使用仅主机模式网络：仅能实现虚拟机与主机联网，与外界网络不通，很少使用。

"使用桥接网络"的优点在于直接与外界联网，外面联网的计算机能直接访问虚拟机，主机能否上网不影响虚拟机的上网，例如 Ping 操作或网上邻居共享，十分方便但缺点是虚拟机直接暴露在网上，安全隐患显而易见。

"使用网络地址转换"的优点是使用简单，不需要作任何额外配置。外面联网的计算机看不到虚拟机的存在，只能看到主机，无法直接访问虚拟机，但虚拟机对外的网络访问不受任何影响，包括访问有风险的网站、下载病毒和木马到虚拟机上运行。但缺点是外部网络无法直接访问虚拟机，因此外部网络无法访问虚拟机的程序和服务。

⑨ 单击"下一步"按钮，进入"选择 I/O 控制器类型"对话框，选择 I/O 控制器的类型。只要安装并工作在虚拟机里的软件没有特殊要求，选择默认值即可，如图 1-39 所示。

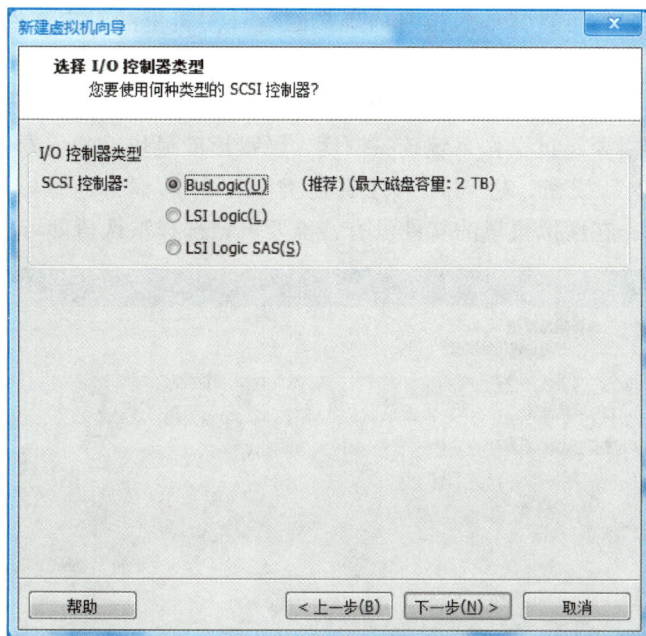

图 1-39　"选择 I/O 控制器类型"对话框

⑩ 单击"下一步"按钮，进入"选择磁盘"对话框，选择为虚拟机配备的硬盘来源，如图 1-40 所示，有以下 3 种选择。

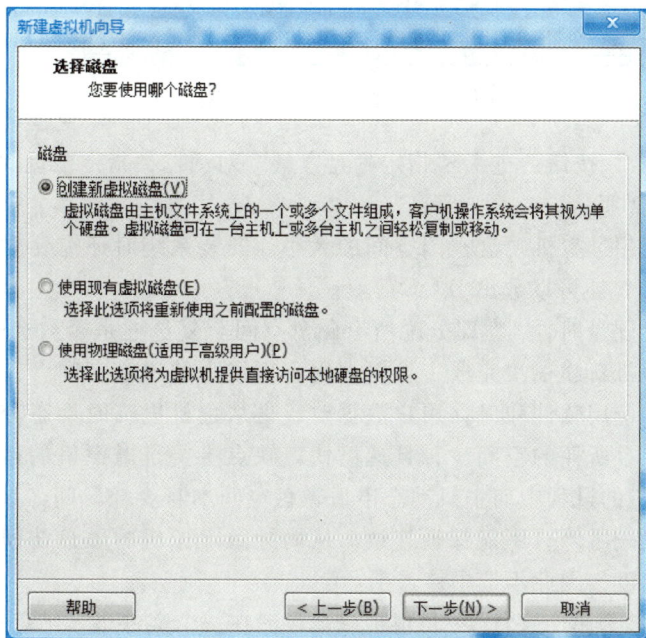

图 1-40　选择虚拟机的磁盘来源

创建新虚拟磁盘：虚拟磁盘在主机里表现为虚拟机"机箱"文件夹下的若干文件。

使用现有虚拟磁盘：可将其他虚拟机的虚拟磁盘（主机里的对应文件）复制过来，安装到本虚拟机上。

使用物理磁盘：将主机上的一个物理硬盘或某个分区作为一个硬盘分配给虚拟机，虚拟机直接访问硬件，不需要经过操作系统统一调度，硬盘速度最快，建议专业级用户使用。

⑪ 单击"下一步"按钮，进入"选择磁盘类型"对话框，选择磁盘的类型为 IDE 或 SCSI，只要安装并工作在虚拟机里的软件没有特殊要求，选择默认值即可，如图 1-41 所示。

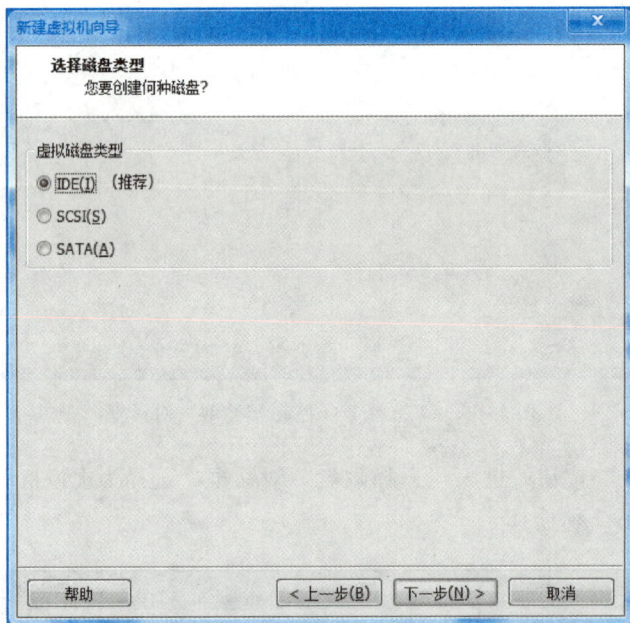

图 1-41 "选择磁盘类型"对话框

⑫ 单击"下一步"按钮，进入"指定磁盘容量"对话框，指定磁盘的容量及在主机上的组织方式，如图 1-42 所示。

硬盘的大小不能超过主机硬盘空闲空间的大小。安装系统时还需要对此硬盘分区、格式化，例如除了 C 盘外，还可以分出 D、E 等盘。

在为虚拟机添置硬盘时，"立即分配所有磁盘空间"复选框是否被选中，也应慎重考虑。若不选，优点是虚拟机新建很快完成，且仅占用主机极少的磁盘空间。在虚拟机运行的过程中，安装操作系统、应用软件和保存用户数据时，再从主机里临时动态分配，从而使得虚拟机的备份、复制和保存所耗的空间少，且速度快。缺点主要是虚拟机的运行速度稍慢，因为 VMware 在运行虚拟机的过程中向主机动态申请磁盘空间本身要耗时间，且分配到的磁盘空间可能在主机硬盘上比较零碎，不能保证连续，从而导致虚拟机的磁盘访问综合速度下降。本实验中追求创建的速度，因此不选中该选项。

"将虚拟磁盘存储为单个文件"：将虚拟磁盘存储在一个文件里，优点是主机管理方便。

"将虚拟磁盘拆分成多个文件"：将虚拟磁盘分隔为多个小的文件存储，优点是将虚拟机移动到其他计算机时比较方便，因为每一个文件均不大。这两个选项的优点与缺点刚好相反，可根据需要选择。

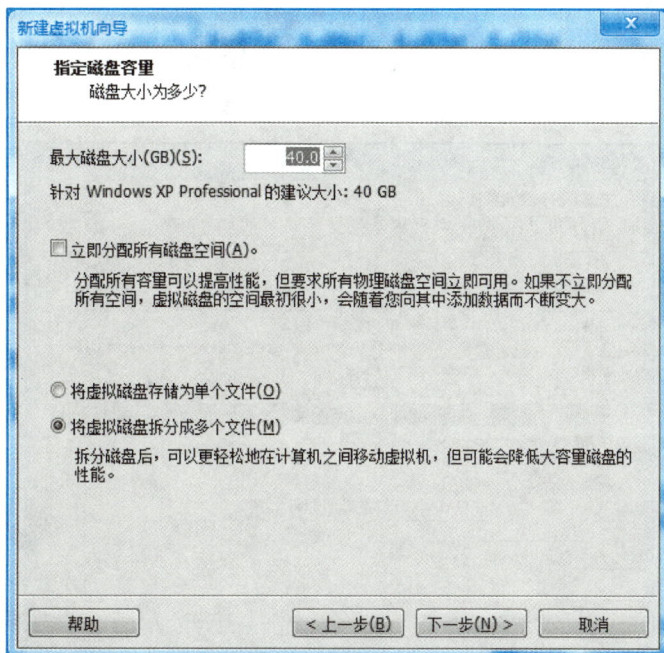

图 1-42　选择虚拟机磁盘的容量及组织方式

⑬ 单击"下一步"按钮，进入"指定磁盘文件"对话框，为虚拟磁盘在主机磁盘上对应的文件命名并选择存放位置。默认的存放位置在该虚拟机的"机箱"文件夹下，建议不做改动，以方便虚拟机的复制和备份，如图 1-43 所示。

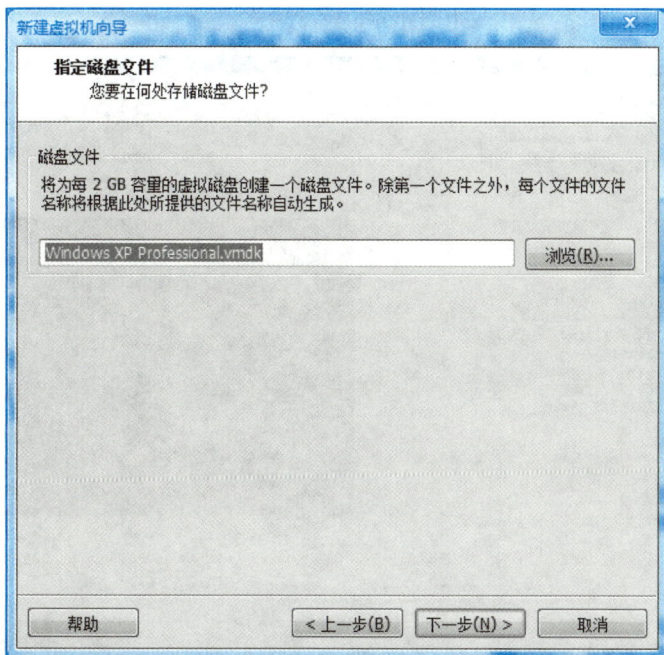

图 1-43　"指定磁盘文件"对话框

⑭ 单击"下一步"按钮，进入"新建虚拟机向导"对话框，VMware 显示出这台虚拟机的配置情况（光驱、USB 控制器、声卡等已由 VMware 作默认选择），如图 1-44 所示，一台新的虚拟机基本设置完成。

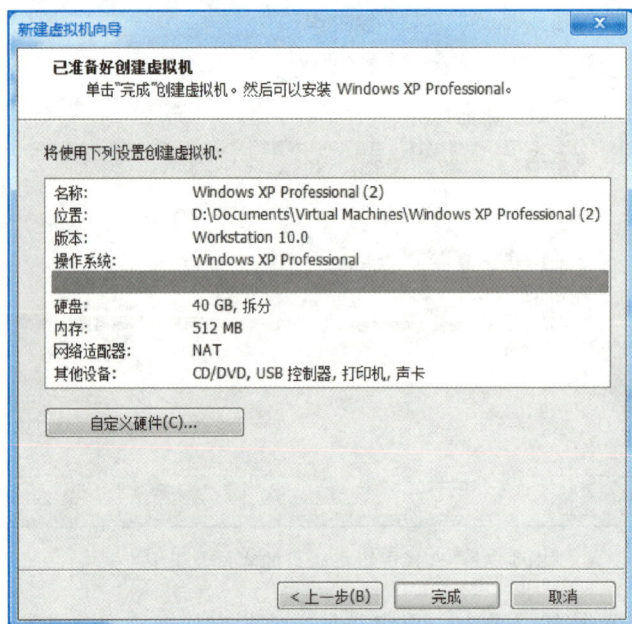

图 1-44　"新建虚拟机向导"对话框

若现在不需要再对虚拟机的配置做任何修改，则单击"完成"按钮完成虚拟机的组装，VMware Workstation 回到其主界面，如图 1-45 所示。

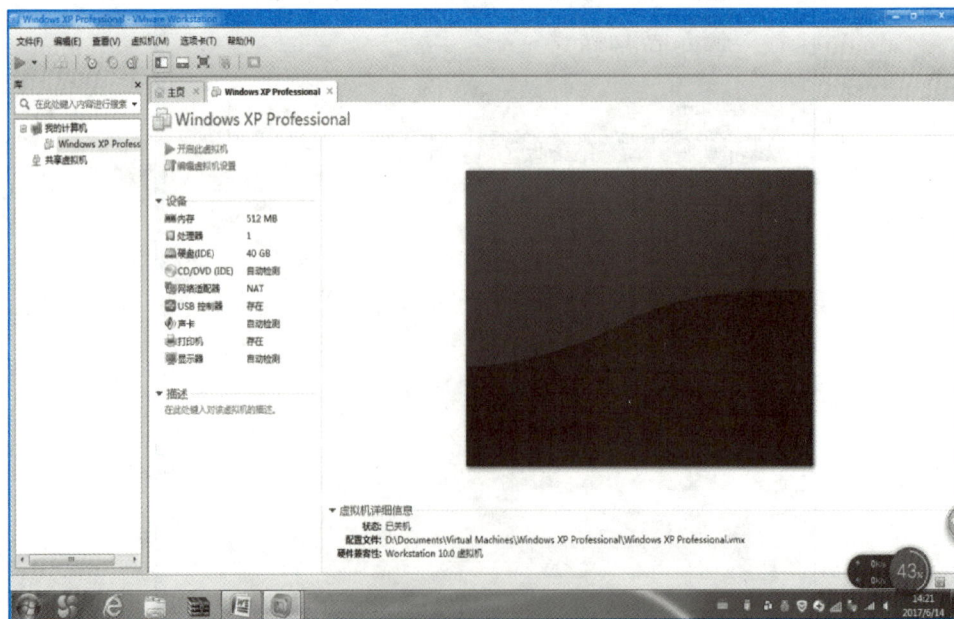

图 1-45　新建的虚拟机 Windows XP Professional 完成的主界面

　　若需要更改所建虚拟机的硬件配置，可单击图 1-45 菜单栏中的"虚拟机"｜"设置"或在"我的计算机"下的"Windows XP Professional"上右击后选择"设置"，然后对虚拟机进行修改，如图 1-46 所示，可以删除不需要的硬件（如软驱），也可以新加硬件，例如增加多块网卡、多块硬盘和多个光驱等，还可以修改已有部分硬件的配置，例如内存大小、CPU 数量和光驱的设置。

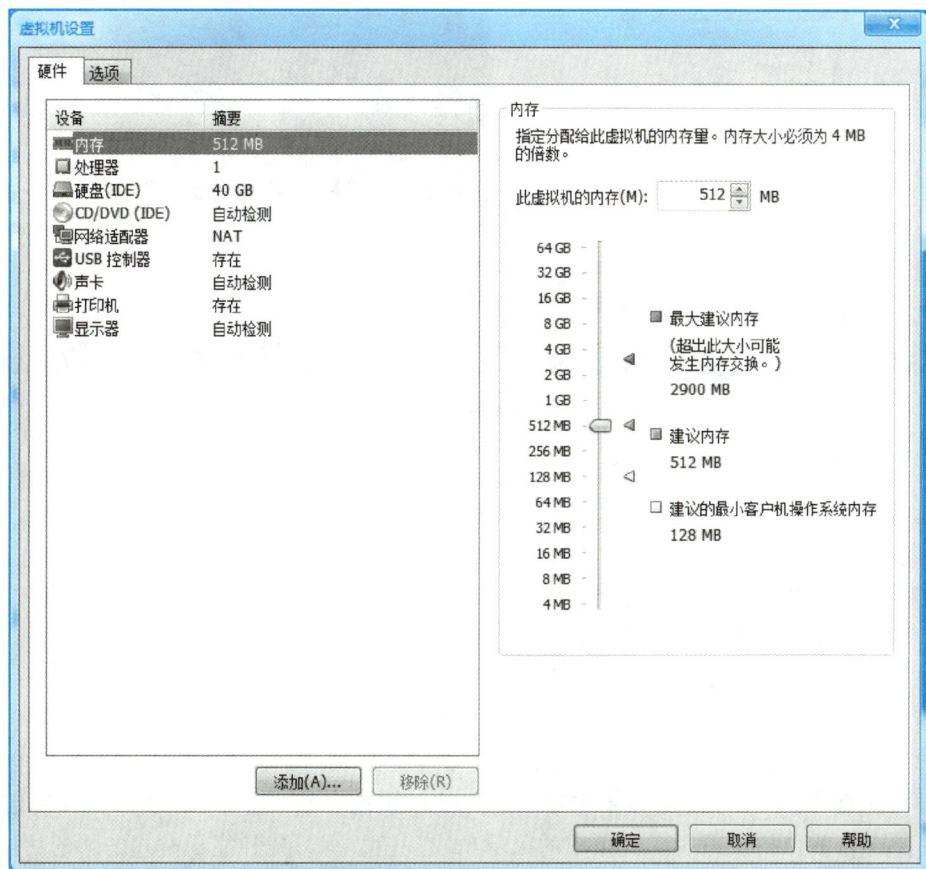

图 1-46　虚拟器的硬件配置

　　（4）为新建的虚拟计算机安装操作系统 Windows XP

　　① 将系统软件光盘插入虚拟机。可以使用物理光驱（Use physical drive）将光盘放入光驱；也可以使用光盘映像文件（Use ISO image file），包括 CD-ROM 和 DVD，此时需选择相应的 ISO 文件。可以为虚拟机装配多个光驱，光驱的设置如图 1-47 所示。当虚拟机开机运行时，通过"虚拟机"｜"可移动设备"或图 1-47 右下方的光盘图标，都可以进行光驱设置。

　　在安装软件的过程中，经常需要换光盘，用户可选择一种自己习惯的方式完成任务。

　　② 单击图 1-45 中的"开启此虚拟机"，虚拟机便开始像真正计算机一样运行。

　　③ 在虚拟机上安装 Windows XP 的过程与在真实的计算机上安装没什么区别，按照提示一步一步往下做即可。操作时单击虚拟机的屏幕，鼠标和键盘便为虚拟机所使用，若需退出虚拟机，按 Ctrl+Alt 键即可。

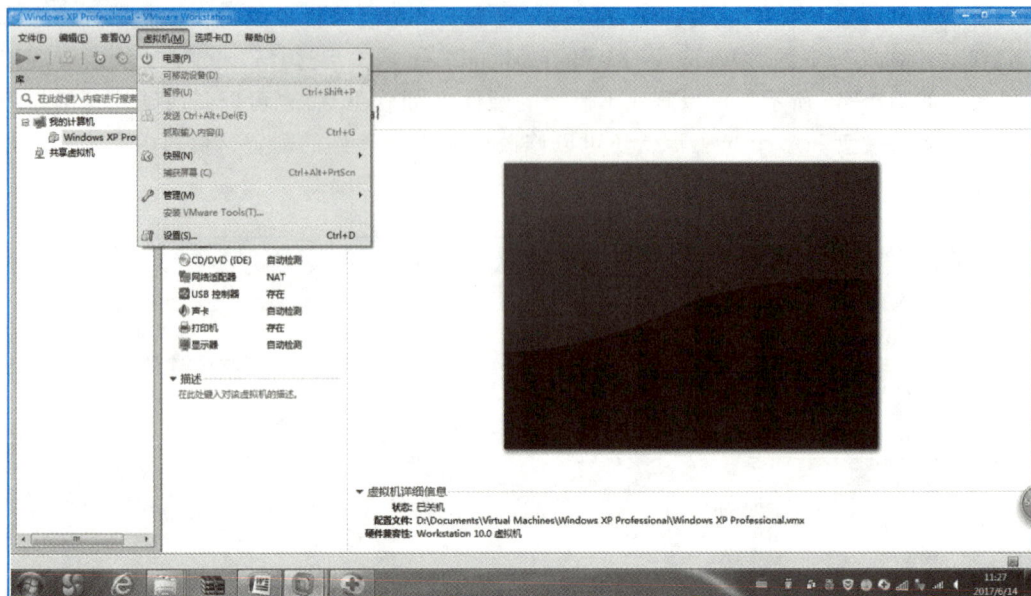

图 1-47　光驱的设置

④ 单击"虚拟机"｜"安装 VMware Tools"，可将专门的驱动程序和管理程序安装到虚拟机，提高虚拟机的运行性能和管理的方便性。

（5）虚拟机的基本使用

① 练习 View 视图菜单的使用。

菜单里有"进入全屏模式""进入 Unity 模式""显示或隐藏控制台视图"等项，在虚拟机开机状态下体验效果，掌握每一个菜单项的作用。

虚拟机运行在主机系统里，就是一个应用程序窗口。可以让虚拟机的显示"进入全屏模式"，此时虚拟机的桌面将占满整个显示器，在全屏模式下，除了桌面顶端的工具条会"暴露身份"外（如图 1-48 所示，可以单击最左边的按钮实现隐藏或显示），从外观和使用上很难辨别出其是一台虚拟机。通过工具条中的菜单项或按钮，练习各种显示模式之间的切换。

想一想： 在虚拟机 Windows XP 里如何与外界交换数据？

② 使用可移除设备。

在虚拟机中，CD/DVD、网络适配器、打印机、声卡和 USB 设备都是可以移除的，可根据需要与虚拟机连接或断开连接，如图 1-49 所示。

在这些可移除的设备中，唯一不同的是 USB 设备。一是不同 USB 设备在系统中显示的名字可能不同；二是 USB 设备不能与主机共享。由图 1-49 可以看出，连接 U 盘到虚拟机的操作即意味着 U 盘从主机断开。

③ 练习开机和关机状态下，虚拟机菜单下"电源"子菜单中各项功能的使用，"电源"子菜单中有开机、关机、挂起、重置等选项。

虚拟机也有自己的 BIOS 设置，可在启动时按 F2 键或 Delete 键（不同版本可能有差异）进入。由于虚拟机开机时自检速度很快，开机启动界面一晃而过，来不及按 F2 键，此时可单击"虚拟机"｜"启动时进入 BIOS"。

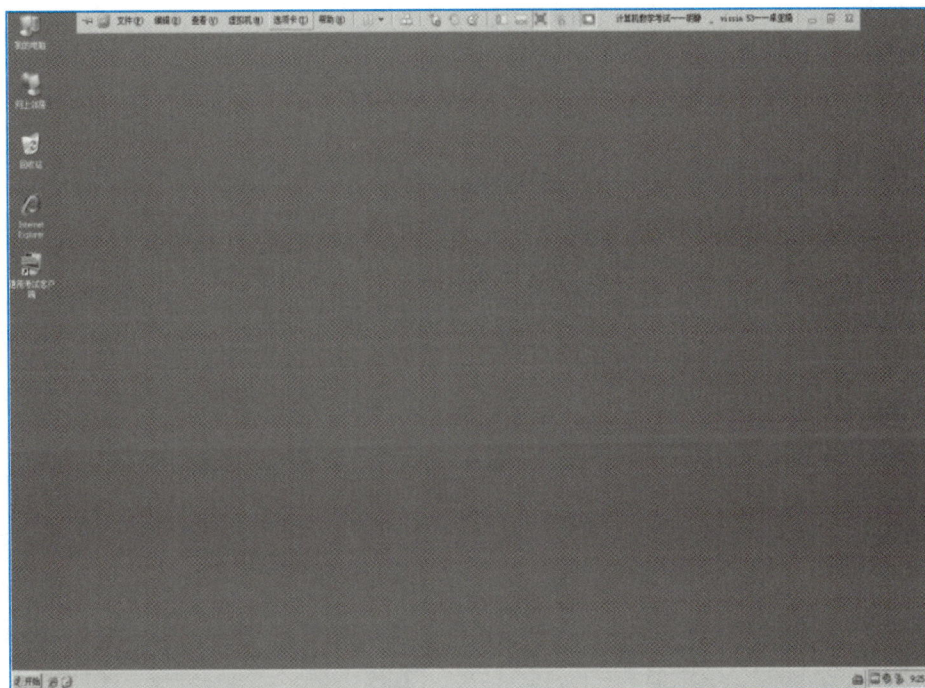

图 1-48　虚拟机开启后进入全屏模式

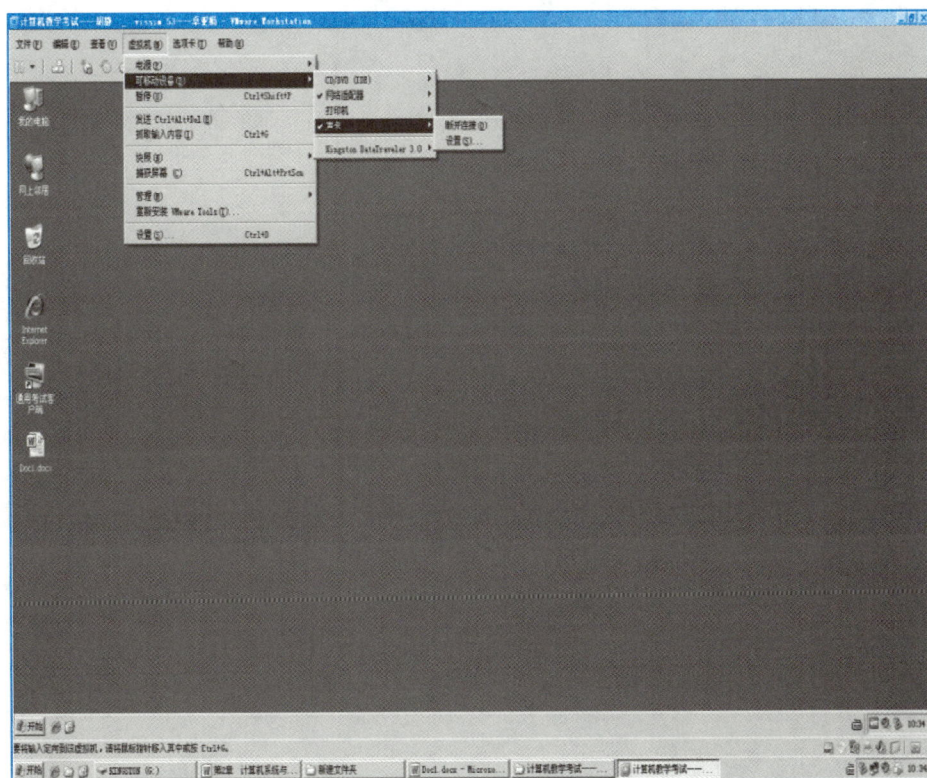

图 1-49　"虚拟机"菜单及"可移除设备"子菜单

【实验思考】

某虚拟机工作过程中死机、无响应，无法单击其"开始"菜单重启，此时该怎么办？

四、实验报告要求

1. 实验报告项目要填写齐全。

2. 下载并使用已安装好的虚拟机，如 DOS、Linux，加深对虚拟机的认识。

3. 实验思考部分，请读者根据自己的情况自行选择是否完成。

4. 实验报告中的实验内容必须先抄写题目，然后给出完成实验过程的主要界面，最后给出结果分析。

第 2 章

问题求解的程序实现

实验 1　结构化程序设计

一、实验目的

1. 理解程序的概念、认识程序设计的基本过程。
2. 理解高级程序设计语言的构成。
3. 体会结构化程序设计的基本方法。

二、实验原理

教材中有关程序的定义、程序设计的步骤、高级程序设计语言、结构化程序设计方法等相关知识。

三、实验任务

1. 模拟训练

任务 1-1：认识 Visual C++ 6.0 集成开发环境

注：如希望采用 Python 进行本章实验，可使用 Python 进行任务 1-1 之后的实验内容，Python 开发环境的安装及使用可参见书中附录部分。

【任务描述】

编辑 C 语言程序，在屏幕上输出 "Welcome to the programming world!"。掌握 Visual C++ 6.0 集成开发环境的启动与退出方法。了解如何使用 Visual C++ 6.0 编辑、编译、链接和运行一个 C 程序。

【实验类型】

验证性实验。

【实验步骤】

C 语言是国际上广泛流行的高级语言，它适合作为系统描述语言，可以用来编写系统软件，也可用来编写应用软件。C 语言属于面向过程的语言，是标准的结构化程序设计语言。同时 C 语言也是一种编译型的语言。运行一个 C 程序，要经过编辑源程序文件（.c）、编译生成目标文件（.obj）、连接生成可执行文件（.exe）和执行四个步骤。

本实验使用的开发环境是 Visual C++ 6.0。它的集成开发环境将文本编辑、程序编译、链接以及程序运行一体化，具有标准的 Windows 窗口、菜单栏和工具栏等，大大方便了程序的开发。Visual C++ 6.0 的界面如图 2-1 所示。

新建文件　　保存文件　　　　　　　编译　链接　运行

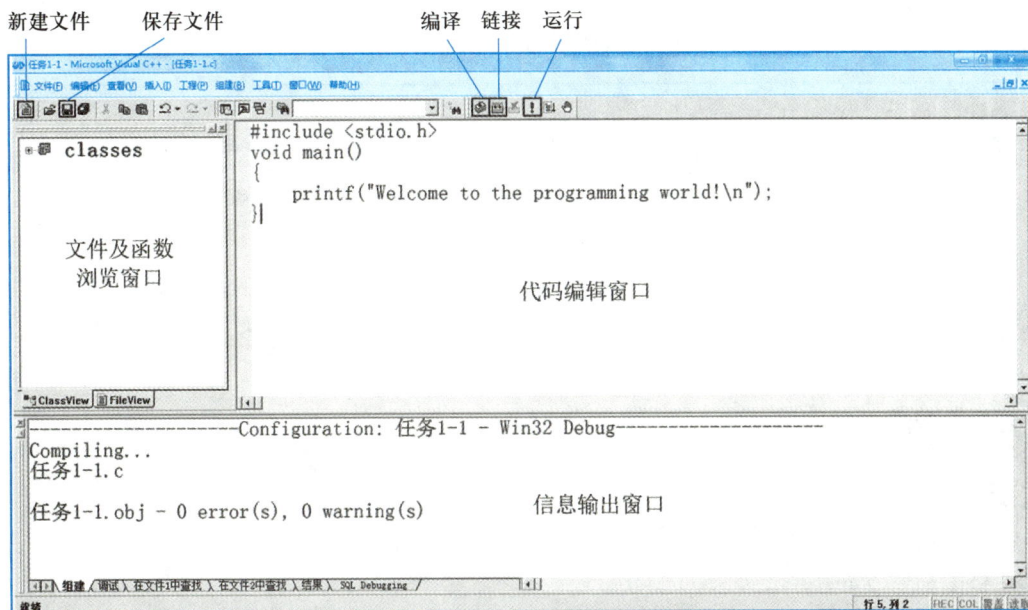

图 2-1　Visual C++ 6.0 的界面

（1）启动 Visual C++ 6.0

在桌面上双击 Visual C++ 6.0 的图标，或者在"开始"菜单中找到并单击 Visual C++ 6.0 程序，就可以完成 Visual C++ 6.0 的启动。关闭每日提示对话框，VC++启动完成。

（2）创建 C 程序文件

单击工具栏中的"新建文件"按钮，打开代码编辑窗口。单击工具栏上的"保存文件"按钮，将文件命名为"任务 1-1.c"，文件创建工作完成。请注意命名文件的时候，扩展名必须为 .c。

（3）编辑源程序

在代码编辑窗口输入如下代码，输入完成后仔细检查是否有输入错误。检查无误后，再次单击工具栏上的"保存"按钮。

```
/*屏幕输出—任务 1-1.c */
#include <stdio.h>
void main( )
{
    printf ( "Welcome to the programming world! \n" );
}
```

（4）编译目标文件

单击"编译"按钮（或使用快捷键 Ctrl+F7），对程序进行编译。根据提示信息全部选择"是"按钮确认，生成目标文件"任务 1-1.obj"。如果程序中没有语法错误，则在信息输出窗口输出如图 2-1 所示的结果。

如果程序中存在语法错误，则会在信息输出窗口显示错误信息，如图 2-2 所示。这些信息告诉我们：在编译"任务 1-1.C"的时候出现了错误；错误行是第 5 行；错误原因是标识符"}"前面丢了分号";"。双击错误提示,可以在源程序中定位错误行的位置。按照错误提示修改程序,再次进行编译,直到不存在语法错误为止。

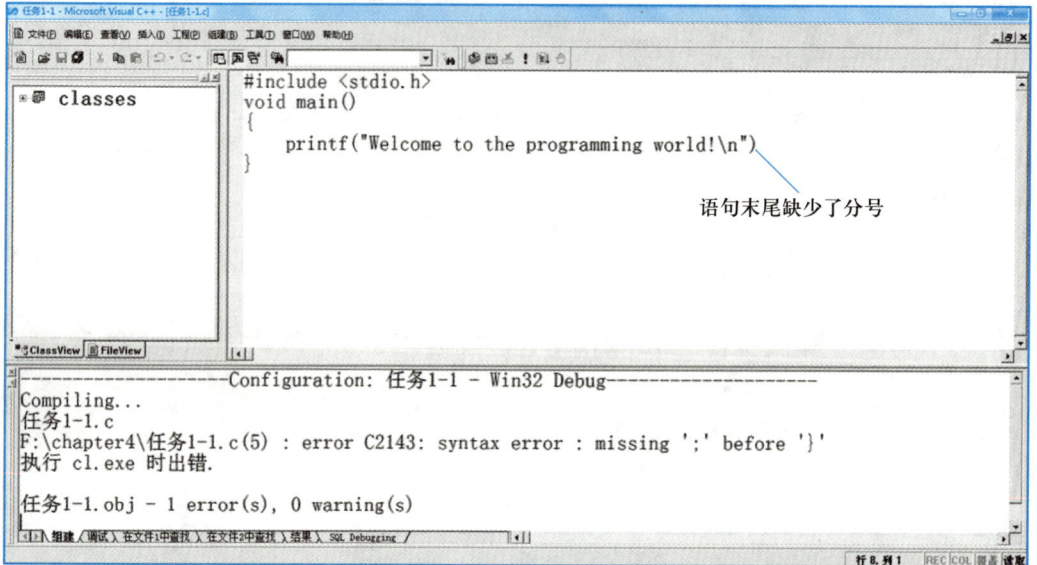

图 2-2　编译错误

（5）链接目标文件

单击"链接"按钮,生成可执行文件"任务 1-1.exe",此时的信息输出窗口如图 2-3 所示。

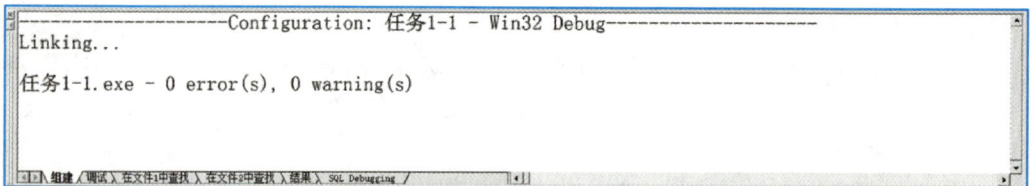

图 2-3　链接目标文件生成可执行文件

（6）建立执行程序

单击"运行"按钮（或使用快捷键 Ctrl+F5）,程序开始执行。程序的运行结果如图 2-4 所示。按下任意键,输出结果的屏幕返回编辑状态,一个 C 程序的执行过程结束。

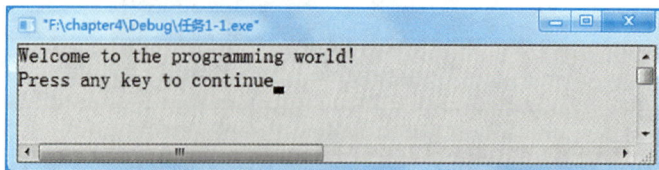

图 2-4　实验任务 1-1 运行结果截图

（7）退出程序

单击"文件"菜单中的"关闭工作空间"命令,即可退出该程序。重复之前的第一步就可以开始新的程序设计。

【实验思考】

请读者研究一下，Visual C++ 6.0 的"文件"菜单中的"关闭""关闭工作空间""退出"命令有什么不同？

2. 设计应用

任务 1-2： 顺序结构程序设计

【问题描述】

已知三角形三条边的长度，计算三角形的面积。

【实验类型】

验证性实验。

【问题分析】

在源程序中给定已知的三条边长，可由海伦公式计算面积后输出。特点是程序运行一次只能计算一次程序给定的三角形的面积。

【算法设计】

问题的算法流程图如图 2-5 所示。

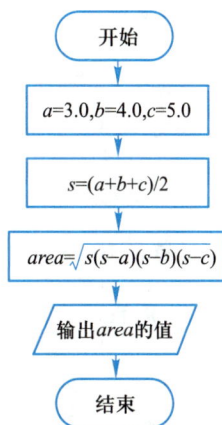

图 2-5　实验任务 1-2算法流程图

开始

$a=3.0, b=4.0, c=5.0$

$s=(a+b+c)/2$

$area=\sqrt{s(s-a)(s-b)(s-c)}$

输出 $area$ 的值

结束

【参考代码】

完整的程序参考代码如下。

```c
/*指定三角形面积—任务 1-2.c */
#include <stdio.h>
#include <math.h>
void main()
{
    float a, b, c, s, area;
    a = 3.0;
    b = 4.0;
    c = 5.0;
    s = 1.0/2 * (a+b+c);
    area = sqrt(s * (s-a) * (s-b) * (s-c));
    printf("area=% f \n",area);
}
```

【运行结果】

程序运行结果如图 2-6 所示。

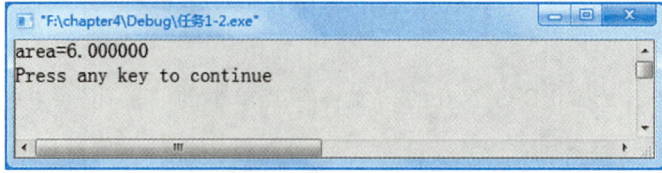

图 2-6 实验任务 1-2 运行结果截图

【实验思考】

请读者研究一下，C 语言是如何体现程序设计语言的主要组成成分的？

任务 1-3：选择结构程序设计

【问题描述】

计算任意一个三角形的面积。

【实验类型】

验证性实验。

【问题分析】

三角形三条边长在程序运行时由用户自行给出，并由程序判断是否能够构成三角形，能构成则计算其面积，不能构成则输出不能计算的提示信息。特点是程序运行一次可以计算用户指定的一个三角形的面积。

【算法设计】

问题的算法流程图如图 2-7 所示。

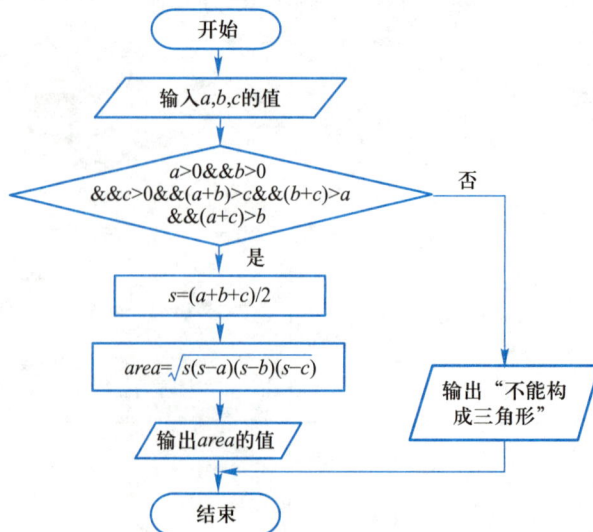

图 2-7 实验任务 1-3 算法流程图

【参考代码】

完整的程序参考代码如下。

```c
/*用户自定义三角形面积—任务1-3.c*/
#include <stdio.h>
#include <math.h>
void main()
{
    float a,b,c,s,area;
    printf("请输入三角形三条边的长度,并用逗号间隔数据");
    scanf("%f,%f,%f",&a,&b,&c);
    if(a>0&&b>0&&c>0&&(a+b)>c&&(b+c)>a&&(a+c)>b)
    {
        s=1.0/2*(a+b+c);
        area=sqrt(s*(s-a)*(s-b)*(s-c));
        printf("area=%f\n",area);
    }
    else
        printf("不能构成三角形\n");
}
```

【运行结果】

程序运行结果如图 2-8 所示。

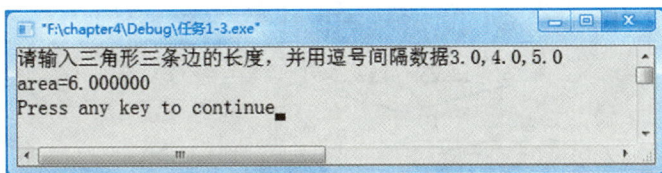

图 2-8　实验任务 1-3 运行结果截图

【实验思考】

请读者研究一下,选择结构程序设计的特点,如果有多种情况,该如何选择呢?

任务 1-4:循环结构程序设计

【问题描述】

多次计算任意一个三角形的面积。

【实验类型】

验证性实验。

【问题分析】

可以多次计算任意三角形面积，直到用户输入的三条边长都是-1，程序结束运行。特点是程序运行一次，可以多次计算任意用户给定的三角形面积。

【算法设计】

问题的算法流程图如图 2-9 所示。

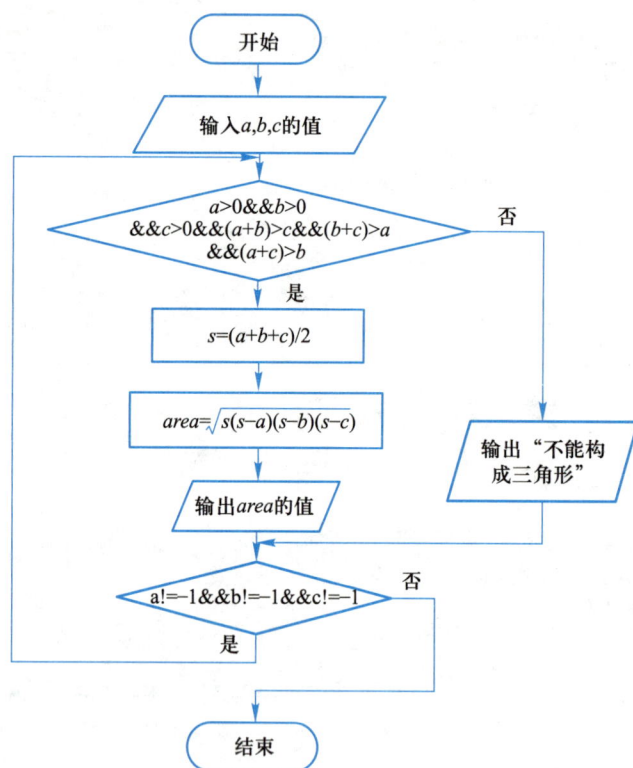

图 2-9 实验任务 1-4 算法流程图

【参考代码】

完整的程序参考代码如下。

```
/*多次计算用户自定义三角形面积—任务 1-4.c*/
#include <stdio.h>
#include <math.h>
```

```
void main()
{
    float a, b, c, s, area;
    do
    {
        printf("请输入三角形三条边的长度,并用逗号间隔数据");
        scanf("% f,% f,% f",&a,&b,&c);
        if(a>0&&b>0&&c>0&&(a+b)>c&&(b+c)>a&&(a+c)>b)
        {
            s = 1.0 /2 * (a+b+c);
            area = sqrt(s * (s-a) * (s-b) * (s-c));
            printf("area = % f \n",area);
        }
        else
            printf("不能构成三角形 \n");
    }while(a! =-1&&b! =-1&&c! =-1);
}
```

【运行结果】

程序运行结果如图 2-10 所示。

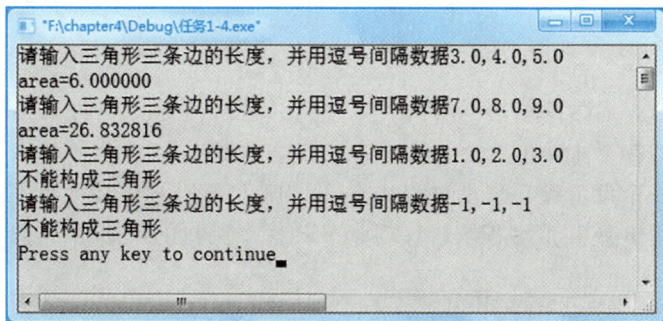

图 2-10　实验任务 1-4 运行结果截图

【实验思考】

请读者研究一下，循环结构程序设计中循环执行的次数，程序是否可以无限制地循环执行下去？

四、实验报告要求

1. 实验报告项目要填写齐全。

2. 请读者结合自己的能力，任选以下一种实验任务方案完成实验：① 利用上课实验时间，只完成验证性实验任务；② 利用课余时间阅读、理解基本应用的验证性实验任务，在上课实验时间完成设计性实验任务；③ 利用上课实验时间完成验证性实验任务和设计性实验任务。

3. 实验思考部分，请读者根据自己的情况自行选择是否完成。

4. 实验报告中的实验内容必须先抄写题目，然后给出完成实验过程的主要界面，最后给出结果分析。

实验 2　递归算法之汉诺塔实现

一、实验目的

1. 熟悉函数调用程序设计思想。
2. 体会模块化程序设计的基本方法。
3. 掌握递归程序设计的实现。

二、实验原理

教材中有关递归算法和函数调用的程序设计等相关知识。

三、实验任务

【问题描述】

古代有一个梵塔，名为汉诺塔，塔内有 A、B、C 共 3 个座，开始时 A 座上有 64 个盘子，盘子大小不等，大的在下，小的在上。有一个老和尚想把这 64 个盘子从 A 座移到 C 座，但规定每次只允许移动一个盘，且在移动过程中在 3 个座上都始终保持大盘在下，小盘在上。在移动过程中可以利用 B 座。请编程求解移动 $n(n>1)$ 个圆盘的汉诺塔问题。

【实验类型】

设计性实验。

【问题分析】

要从初始状态移动到目标状态，就是把每个圆盘分别移动到自己的目标状态。而问题的关键一步就是：首先考虑把编号最大的圆盘移动到自己的目标状态，而不是最小的，因为编号最大的圆盘移到目标位置之后即可不再移动，而在编号最大的圆盘未移到目标位置之前，编号小的圆盘可能还要移动，编号最大的圆盘一旦固定，对以后的移动不会造成影响。

根据上面的分析，设要移动的盘子个数为 n，原问题是将原来 A 座上的 n 个盘按照两个要求移动到 C 座，用 Hanoi（n，A，B，C）表示。具体过程如下：

第一步：可以确定边界条件为 $n=1$。

第二步：将 A 上 n-1 个盘借助 C 座移到 B 座上，用 Hanoi（n-1，A，C，B）表示。

第三步：把 A 座上剩下的一个盘移到 C 座上。

第四步：将 n-1 个盘从 B 座借助于 A 座移到 C 座上，用 Hanoi（n-1，B，A，C）表示。

从上面的分析可以看出，原问题 Hanoi（n，A，B，C）调用了 Hanoi（n-1，A，C，B）和 Hanoi（n-1，B，A，C），因此，它属于过程 Hanoi 又调用了自己，属于递归法的范畴，并且该方法不能用递推方法求解。

【参考代码】

完整的程序参考代码如下。

```c
#include <stdio.h>
void Hanoi (int n, char a, char b, char c) ;
void Move (int n, char a, char b) ;
int main( )
{
    int n ;
    printf ("Input the numuber of disks:") ;
    scanf ("% d", &n ) ;
    printf ("Steps of moving % d disks from A to B by means of C :\n", n) ;
    Hanoi (n,'A','B','C' ); /*将 n 个圆盘借助于 C 由 A 移到 B */
    return 0;
}
/* 函数功能:用递归方法将 n 个圆盘借助于柱子 C 从源柱子 A 移动到目标柱子 B 上 */
void Hanoi (int n, char a, char b, char c)
{
    if (n==1)
    {
     Move (n, a, b) ; /*将第 n 个圆盘由 A 移到 B*/
    }
    else
    {
     Hanoi (n-1, a, c, b);  /*将第 n-1 个圆盘借助于 B 由 A 移动到 C*/
     Move (n, a, b) ; /*将第 n 个圆盘由 A 移到 B*/
     Hanoi (n-1, c, b, a);  /*将第 n-1 个圆盘借助于 A 由 C 移动到 B*/
    }
}
/* 函数功能:将第 n 个圆盘从源柱子 A 移到目标柱子 B 上 */
void Move (int n, char a, char b)
{
  printf ("Move % d: from % c to % c \n" n, a, b);
}
```

【实验思考】

请读者研究一下，如何将复杂问题简单化进行求解？

四、实验报告要求

1. 实验报告项目要填写齐全。

2. 请读者结合自己的能力，任选以下一种实验任务方案完成实验：① 利用上课实验时间，只完成验证性实验任务；② 利用课余时间阅读、理解基本应用的验证性实验任务，在上课实验时间完成设计性实验任务；③ 利用上课实验时间完成验证性实验任务和设计性实验任务。

3. 实验思考部分，请读者根据自己的情况自行选择是否完成。

4. 实验报告中的实验内容必须先抄写题目，然后给出完成实验过程的主要界面，最后给出结果分析。

第 3 章

办公自动化与电子政务

实验 1　Word 2016 高级应用

一、实验目的

1. 熟悉 Word 2016 中文字处理的基本方法。
2. 了解文字处理过程中相关高级应用。
3. 掌握 Word 2016 中文字处理的基本操作。

二、实验原理

文字处理的相关知识。

三、实验任务

1. 模拟训练

任务 1-1：图文混排

【任务描述】

按照要求完成下列操作并以文件名 WORD.docx 保存文档。某知名企业要举办一场针对高校学生的大型职业生涯规划活动，并邀请了许多业内人士和资深媒体人参加，该活动本次由著名职场达人及东方集团的老总陆达先生担任演讲嘉宾，因此吸引了各高校学生纷纷前来听取讲座。为了此次活动能够圆满成功，并能引起各高校毕业生的广泛关注，该企业行政部准备制作一份精美的宣传海报。

请根据上述活动的描述，利用 Microsoft Word 2016 制作一份宣传海报。

具体要求如下。

（1）调整文档的布局，要求页面高度 36 厘米，页面宽度 25 厘米，页边距（上、下）为 5 厘米，页边距（左、右）为 4 厘米。

（2）将素材中的图片"背景图.jpg"设置为海报背景。

（3）根据"Word-最终参考样式.docx"文件，调整海报内容文字的字体、字号以及颜色。

（4）根据页面布局需要，调整海报内容中"演讲题目""演讲人""演讲时间""演讲日期""演讲地点"信息的段落间距。

（5）在"演讲人:"位置后面输入报告人"陆达"；在"主办：行政部"位置后面另起一页，并设置第 2 页的页面纸张大小为 A4 类型，纸张方向设置为"横向"，此页页边距为"普通"页边距。

（6）在第 2 页的"报名流程"下面，利用 SmartArt 制作本次活动的报名流程（行政部报名、确认座席、领取资料、领取门票）。

（7）在第 2 页的"日程安排"段落下面，复制本次活动的日程安排表（请参照"Word-

活动日程安排 . xlsx" 文件），要求表格内容引用 Excel 文件中的内容，如果 Excel 文件中的内容发生变化，Word 文档中的日程安排信息随之发生变化。

（8）更换演讲人照片为素材中的 luda. jpg 照片，将该照片调整到适当位置，且不要遮挡文档中文字的内容。

（9）保存本次活动的宣传海报文件为 WORD. docx。

【实验类型】

验证性实验。

【实验步骤】

具体操作步骤如下。

（1）单击"布局"选项卡 | "页面设置"组 | "纸张大小"下拉按钮 | "其他纸张大小" | "纸张"，设置高度和宽度，单击"布局"选项卡 | "页面设置"组 | "纸张大小"下拉按钮 | "页边距"设置页边距。

（2）单击"设计"选项卡 | "页面背景"组 | "页面颜色"下拉按钮 | "填充效果" | "图片"，选择图片添加本地或在线图片，单击"确定"按钮即可。

（3）选择需要调整的文字，右键设置字体和颜色。

（4）选中"演讲题目""演讲人""演讲时间""演讲日期""演讲地点"信息，选择"开始"选项卡 | "段落"组 | "间距"下拉按钮 | "行距"来设置段落间距。

（5）在"演讲人:"位置后面插入光标然后输入报告人"陆达"；在"主办：行政部"位置后面插入光标，按 Enter 键，另起一页。单击"布局"选项卡 | "页面设置"组 | "纸张大小"下拉按钮 | "其他纸张大小" | "纸张"，设置纸张大小为 A4 类型，单击"布局"选项卡 | "页面设置"组 | "纸张方向"，将纸张方向设置为"横向"，单击"布局"选项卡 | "页面设置"组 | "页边距"，将页边距设置为"普通"页边距。

（6）单击"插入"选项卡 | "插图"组 | SmartArt | "流程"，选择第一个图形，单击"确定"按钮，输入行政部报名、确认座席、领取资料、领取门票等信息。

（7）打开"Word-活动日程安排 . xlsx"，选中表格中的所有内容，按 Ctrl+C 键，复制所选内容。切换到 Word. docx 文件中，单击"开始"选项卡 | "剪贴板"组 | "粘贴"下拉按钮 | "选择性粘贴"，弹出"选择性粘贴"对话框。选择"粘贴链接"，在"形式"下拉列表框中选择"Microsoft Excel 工作表对象"。单击"确定"按钮后，更改"Word-活动日程安排 . xlsx"文字单元格的背景色，即可在 Word 中同步更新。

（8）定位到该处，单击插入图片。

（9）单击"文件" | "另存为"命令，保存为 WORD. docx。

2. 实践应用

任务 1-2：邮件合并

【任务描述】

为召开云计算技术交流大会，小王需制作一批邀请函，要邀请的人员名单见"Word 人员名单.xlsx"，邀请函的样式参见素材中"邀请函参考样式.docx"，大会定于 2013 年 10 月 19 日至 20 日在武汉举行。请根据上述活动的描述，利用 Microsoft Word 2016 制作一批邀请函，要求如下。

（1）修改标题"邀请函"文字的字体、字号，并设置为加粗，文字的颜色为红色、黄色阴影、居中。

（2）设置正文各段落为 1.25 倍行距，段后间距为 0.5 倍行距。设置正文首行缩进 2 字符。

（3）落款和日期位置为右对齐右侧缩进 3 字符。

（4）将文档中"×××大会"替换为"云计算技术交流大会"。

（5）设置页面高度 27 厘米，页面宽度 27 厘米，页边距（上、下）为 3 厘米，页边距（左、右）为 3 厘米。

（6）将电子表格"Word 人员名单.xlsx"中的姓名信息自动填写到"邀请函"中"尊敬的"三字后面，并根据性别信息，在姓名后添加"先生"（性别为男）、"女士"（性别为女）。

（7）设置页面边框为红"★"。

（8）在正文第 2 段的第一句话"……进行深入而广泛的交流"后插入脚注"参见××××××网站"。

（9）将设计的主文档以文件名 WORD.docx 保存，并生成最终文档以文件名"邀请函.docx"保存。

【实验类型】

设计性实验。

【实验步骤】

本实验涉及的有关文字处理的主要知识点有页面设置、字体、字号、颜色设置、段落格式设置。

具体操作步骤如下。

（1）用鼠标选中"邀请函"，选择合适的字体、字号，在"开始"选项卡｜"字体"组中，单击 B 设置加粗，单击 A 设置颜色，单击 ab 设置阴影，单击"开始"选项卡｜"段落"组｜"居中"。

（2）单击"开始"选项卡｜"段落"组｜对话框启动器（ ），打开"段落"对话框。在"缩进和间距"选项卡中，"行距"下拉列表选择"多倍行距"，在"设置值"微调框填写 1.25，在"段后"微调框填写 0.5，在"缩进"区的"特殊"下拉列表中选择"首行"，在"缩进值"微调框选择 2 字符。

（3）选中落款和日期，选择"开始"选项卡｜"段落"组｜"右对齐"，单击"开始"选项卡｜"段落"组｜对话框启动器，打开"段落"对话框，在"缩进和间距"选项卡"缩进"区的"右侧"微调框中选择 3 字符。

（4）选中"×××大会"，替换为"云计算技术交流大会"。

（5）选择"布局"选项卡｜"纸张大小"下拉按钮｜"其他纸张大小"，打开"页面设置"对话框，在"纸张"选项卡中，将高度和宽度分别设置为 27 厘米和 27 厘米，选择"布局"选项卡｜"页面设置"组｜"页边距"下拉按钮｜"自定义页边距",设置页边距上、下、左、右均为 3 厘米。

（6）复制"Word 人员名单 . xlsx"中的姓名信息填写到"邀请函"中"尊敬的"三字后面,并根据性别信息,在姓名后添加"先生""女士"。

（7）选择"设计"选项卡｜"页面背景"组｜"页面边框"｜"艺术型",选择"★",选择"设计"选项卡｜"页面背景"组｜"页面边框"｜"颜色",选择"红色"。

（8）选中正文第 2 段的第一句话"……进行深入而广泛的交流",单击"引用"选项卡｜"脚注"组｜"下一条脚注",插入脚注"参见××××××网站"。

（9）设置文件名为"邀请函 . docx"。

四、报告要求

1. 实验报告项目要填写齐全。

2. 请读者结合自己的能力,任选以下一种实验任务方案完成实验:① 利用上课实验时间,只完成验证性实验任务;② 利用课余时间阅读、理解基本应用的验证性实验任务,在上课实验时间完成设计性实验任务;③ 利用上课实验时间完成验证性实验任务和设计性实验任务。

3. 实验思考部分,请读者根据自己的情况自行选择是否完成。

4. 实验报告中的实验内容必须先抄写题目,然后给出完成实验过程的主要界面,最后给出结果分析。

实验 2　Excel 2016 高级应用

一、实验目的

1. 熟悉 Excel 2016 表格处理的基本方法。
2. 了解表格处理过程中相关高级应用。
3. 掌握 Excel 2016 表格处理的基本操作。

二、实验原理

有关电子表格处理的知识。

三、实验任务

1. 模拟训练

任务 2-1: 成绩单及分析

【任务描述】

小蒋是一位中学教师,在教务处负责初一年级学生的成绩管理。由于学校地处偏远地区,缺乏必要的教育设施，只有一台配置不高的计算机可以使用，他在这台计算机中安装了 Microsoft Office 2016，决定通过 Excel 来管理学生成绩，以弥补学校缺少数据库管理系统的不足。

现在，第一学期期末考试刚刚结束，小蒋将初一年级三个班的成绩均录入了文件名为"学生成绩单.xlsx"的 Excel 工作簿中。

请你根据下列要求帮助小蒋老师对成绩进行整理和分析。

（1）对工作表"第一学期期末成绩"中的数据列表进行格式化操作：将第一列"学号"列为文本，将所有成绩列设为保留两位小数的数值，适当加大行高列宽，改变字体、字号，设置对齐方式，增加适当的边框和底纹以使工作表更加美观。

（2）利用"条件格式"功能进行下列设置：将语文、数学、英语三科中不低于 110 分的成绩所在单元格以一种颜色填充，其他四科中高于 95 分的成绩以另一种字体颜色标出，所有颜色深浅以不遮挡数据为宜。

（3）利用 SUM 和 AVERAGE 函数计算每一个学生的总分及平均成绩。

（4）学号第 3、第 4 位代表学生所在的班级，例如："120105"代表 12 级 1 班 5 号。请通过函数提取每个学生所在的班级并按下列对应关系填写在"班级"列中：

"学号"第 3、第 4 位	对应班级
01	1 班
02	2 班
03	3 班

（5）复制工作表"第一学期期末成绩"，将副本放置在原表之后；改变该副本表标签的颜色，并重新命名，新表名需包含"分类汇总"字样。

（6）通过分类汇总功能求出每个班各科的平均成绩，并将每组结果分页显示。

（7）以分类汇总结果为基础，创建一个簇状柱形图，对每个班各科平均成绩进行比较，并将该图表放置在一个名为"柱状分析图"的新工作表中。

"学生成绩单.xlsx"中的"第一学期期末成绩"工作表数据如图 3-1 所示。

	A	B	C	D	E	F	G	H	I	J	K	L
1	学号	姓名	班级	语文	数学	英语	生物	地理	历史	政治	总分	平均分
2	120305	包宏伟	03	91.50	89.00	94.00	92.00	91.00	86.00	86.00		
3	120203	陈万地	02	93.00	99.00	92.00	86.00	86.00	73.00	92.00		
4	120104	杜学江	01	102.00	116.00	113.00	78.00	88.00	86.00	73.00		
5	120301	符合	03	99.00	98.00	101.00	95.00	91.00	95.00	78.00		
6	120306	吉祥	03	101.00	94.00	99.00	90.00	87.00	95.00	93.00		
7	120206	李北大	02	100.50	103.00	104.00	88.00	89.00	78.00	90.00		
8	120302	李娜娜	03	78.00	95.00	94.00	82.00	90.00	93.00	84.00		
9	120204	刘康锋	02	95.50	92.00	96.00	84.00	95.00	91.00	92.00		
10	120201	刘鹏举	02	93.50	107.00	96.00	100.00	93.00	92.00	93.00		
11	120304	倪冬声	03	95.00	97.00	102.00	93.00	95.00	92.00	88.00		
12	120103	齐飞扬	01	95.00	85.00	99.00	98.00	92.00	92.00	88.00		
13	120105	苏解放	01	88.00	98.00	101.00	89.00	73.00	95.00	91.00		
14	120202	孙玉敏	02	86.00	107.00	89.00	88.00	92.00	88.00	89.00		
15	120205	王清华	02	103.50	105.00	105.00	93.00	93.00	90.00	86.00		
16	120102	谢如康	01	110.00	95.00	98.00	99.00	93.00	93.00	92.00		
17	120303	闫朝霞	03	84.00	100.00	97.00	87.00	78.00	89.00	93.00		
18	120101	曾令煊	01	97.50	106.00	108.00	98.00	99.00	99.00	96.00		
19	120106	张桂花	01	90.00	111.00	116.00	72.00	95.00	93.00	95.00		

第一学期期末成绩 / Sheet2 / Sheet3

图 3-1　原始期末成绩单

【实验类型】

验证性实验。

【实验步骤】

具体操作步骤如下。

（1）选中所有数字右击，在弹出的快捷菜单中选择"设置单元格格式"命令，打开"设置单元格格式"对话框，选择"数字"选项卡｜"数值"，小数位数设为 2；选中某一行，单击行高对行高进行设置，列宽同理。

（2）选中要设置的单元格，单击"开始"选项卡｜"样式"组｜"条件格式"下拉按钮｜"突出显示单元格规则"｜"其他规则"，弹出"新建格式规则"对话框，在"编辑规则说明"选项下设置单元格值"大于或等于"，在右侧文本框中输入"110"；在"编辑规则说明"选项下单击"格式"按钮，将会弹出"设置单元格格式"对话框，在"填充"选项卡下选择背景色为"黄色"，然后单击"确定"按钮。其他四科设置同上。

（3）选中某一列，单击"开始"选项卡｜"编辑"组｜"自动求和"下拉按钮｜"求和"计算每一个学生的总分，选中某一列，单击"开始"选项卡｜"编辑"组｜"自动求和"下拉按钮｜"平均值"计算每一个学生的平均成绩。

（4）在 C2 单元格中输入"=LOOKUP（MID（A2，3，2），{"01","02","03"}，{"1班","2班","3班"}）"，按 Enter 键后该单元格值为"3 班"，拖动 C2 右下角的填充柄直至最下一行数据处，完成班级的填充。

（5）右击表名，在弹出的快捷菜单中选择"移动或复制"命令，得到副表；右击副表表名，在弹出的快捷菜单中选择"重命名"命令，修改副表名称；右击副表表名，在弹出的快捷菜单中选择"工作表标签颜色"命令，改变该副表标签的颜色。

（6）首先选择 A1：K19 单元格，然后单击"数据"选项卡｜"排序和筛选"组｜"排序"按钮，打开"排序"对话框，在关键字中选择"班级"，按班级进行数据排序，确保该表所有学生是以班级升序或降序排序。然后选择 A1：K19 单元格，单击"数据"选项卡｜"分级显示"组｜"分类汇总"按钮，打开"分类汇总"对话框，单击"分类字段"右侧的下拉箭头，选择"班级"，单击"汇总方式"右侧的下拉箭头，选择"平均值"，在"选定汇总项"下方选中要汇总的科目，单击"确定"按钮，这样就通过分类汇总求出每个班各科的平均值，最后将每个班的结果复制到不同副表中。

（7）选择分类汇总后的单元格，然后单击"插入"选项卡｜"图表"组｜"柱形图"下拉按钮｜"簇状柱形图"，这样就插入了一个簇状柱形图；在生成的簇状柱形图上右击，在快捷菜单中选择"移动图表"命令，在弹出的"移动图表"对话框中选择"新工作表"即可。

2. 实践应用

任务 2-2：统计分析

【任务描述】

小王今年毕业后，在一家计算机图书销售公司担任市场部助理，主要的工作职责是为部门经理提供销售信息的分析和汇总。

请你根据销售数据表完成统计和分析工作。

(1) 请对“订单明细”工作表进行格式调整，通过套用表格格式的方法将所有销售记录调整为一致的外观格式，并将“单价”列和“小计”列所包含的单元格调整为“会计专用”(人民币) 数据格式。

(2) 请在“订单明细”工作表的“图书名称”列中，使用 VLOOKUP 函数完成图书名称的自动填充。“图书名称”和“图书编号”的对应关系在“编号对照”工作表中。

(3) 请在“订单明细”工作表的“单价”列中，使用 VLOOKUP 函数完成图书单价的自动填充。“单价”和“图书编号”的对应关系在“编号对照”工作表中。

(4) 在“订单明细”工作表的“小计”列中，计算每笔订单的销售额。

(5) 根据“订单明细”工作表的销售数据，统计所有订单的总销售额，并将其填写在“统计报告”工作表的 B3 单元格中。

(6) 根据“订单明细”工作表中的销售数据，统计《MS Office 高级应用》图书在 2012 年的总销售，并将其填写在“统计报告”工作表的 B4 单元格。

(7) 根据“订单明细”工作表中的销售数据，统计隆华书店在 2011 年第 3 季度的总销售额，并将其填写在“统计报告”工作表的 B5 单元格中。

(8) 根据“订单明细”工作表中的销售数据，统计隆华书店在 2011 年的每月平均销售额 (保留 2 位小数)，并将其填写在“统计报告”工作表的 B6 单元格内。

(9) 工作簿中的“订单明细”工作表、“编号对照”工作表和“统计报告”工作表数据如图 3-2、图 3-3 和图 3-4 所示。

1	销售订单明细表							
2	订单编号	日期	书店名称	图书编号	图书名称	单价	销量（本）	小计
3	BTW-08001	2011年1月2日	鼎盛书店	BK-83021			12	
4	BTW-08002	2011年1月4日	博达书店	BK-83033			5	
5	BTW-08003	2011年1月4日	博达书店	BK-83034			41	
6	BTW-08004	2011年1月5日	博达书店	BK-83027			21	
7	BTW-08005	2011年1月6日	鼎盛书店	BK-83028			32	
8	BTW-08006	2011年1月9日	鼎盛书店	BK-83029			3	
9	BTW-08007	2011年1月9日	博达书店	BK-83030			1	
10	BTW-08008	2011年1月10日	鼎盛书店	BK-83031			3	
11	BTW-08009	2011年1月10日	博达书店	BK-83035			43	
12	BTW-08010	2011年1月11日	隆华书店	BK-83022			22	
13	BTW-08011	2011年1月11日	鼎盛书店	BK-83023			31	
14	BTW-08012	2011年1月12日	隆华书店	BK-83032			19	
15	BTW-08013	2011年1月12日	鼎盛书店	BK-83036			43	
16	BTW-08014	2011年1月13日	隆华书店	BK-83024			39	
17	BTW-08015	2011年1月15日	鼎盛书店	BK-83025			30	
18	BTW-08016	2011年1月16日	鼎盛书店	BK-83026			43	
19	BTW-08017	2011年1月16日	鼎盛书店	BK-83037			40	
20	BTW-08018	2011年1月17日	鼎盛书店	BK-83021			44	
21	BTW-08019	2011年1月18日	博达书店	BK-83033			33	
22	BTW-08020	2011年1月19日	鼎盛书店	BK-83034			35	
23	BTW-08021	2011年1月22日	博达书店	BK-83027			22	
24	BTW-08022	2011年1月23日	博达书店	BK-83028			38	
25	BTW-08023	2011年1月24日	隆华书店	BK-83029			5	

订单明细 / 编号对照 / 统计报告

图 3-2　订单明细表

图书编号对照表

图书编号	图书名称	定价
BK-83021	《计算机基础及MS Office应用》	¥36.00
BK-83022	《计算机基础及Photoshop应用》	¥34.00
BK-83023	《C语言程序设计》	¥42.00
BK-83024	《VB语言程序设计》	¥38.00
BK-83025	《JAVA语言程序设计》	¥39.00
BK-83026	《Access数据库程序设计》	¥41.00
BK-83027	《MySQL数据库程序设计》	¥40.00
BK-83028	《MS Office高级应用》	¥39.00
BK-83029	《网络技术》	¥43.00
BK-83030	《数据库技术》	¥41.00
BK-83031	《软件测试技术》	¥36.00
BK-83032	《信息安全技术》	¥39.00
BK-83033	《嵌入式系统开发技术》	¥44.00
BK-83034	《操作系统原理》	¥39.00
BK-83035	《计算机组成与接口》	¥40.00
BK-83036	《数据库原理》	¥37.00
BK-83037	《软件工程》	¥43.00

订单明细　编号对照　统计报告

图 3-3　编号对照表

统计报告

统计项目	销售额
所有订单的总销售额	
《MS Office高级应用》图书在2012年的总销售额	
隆华书店在2011年第3季度（7月1日~9月30日）的总销售额	
隆华书店在2011年每月平均销售额（保留2位小数）	

订单明细　编号对照　统计报告

图 3-4　统计报告

【实验类型】

设计性实验。

【实验步骤】

具体操作步骤如下。

（1）选择单元格，单击“开始”选项卡 | “样式” | “套用表格样式”下拉按钮，选择合适的样式；选择“单价”列和“小计”列，打开“设置单元格格式”对话框，在“分类”下选择“会计专用”。

（2）选择订单明细表的 E3 单元格，然后单击“公式”选项卡 | “函数库”组 | “插入函数”按钮，打开“插入函数”对话框，在该对话框中选择函数 VLOOKUP 双击，在打开的“函数参数”对话框中进行参数设置，完成后的结果是“=VLOOKUP（D 表 2［［#全部］，图书编号］：［图书名称］］，2）”，然后单击“确定”按钮即可完成运算。

最后选择 E3 单元格，使用复制公式的方式完成 E4：E636 单元格的运算。

（3）首先选择订单明细表的 F3 单元格，然后单击“公式”选项卡 | “函数库”组 | “插入函数”按钮，打开“插入函数”对话框，在该对话框中选择函数 VLOOKUP 双击，在打开的“函数参数”对话框中进行参数设置，完成后的结果是“=VLOOKUP（D 表 2［#全部］，3）”，然后单击“确定”按钮即可完成运算，最后选择 F3 单元格，使用复制公式方式

完成 F4：F636 单元格的运算。

（4）选择订单明细表的 H3 单元格，在 H3 单元格中直接输入公式 "= F3 * G3"，按 Enter 键，然后选择 H3 单元格，使用复制公式方式完成 H4：H636 单元格的运算。

（5）选择统计报告工作表的 B3 单元格，然后单击"公式"选项卡 | "函数库"组 | "插入函数"按钮，打开"插入函数"对话框，在该对话框中选择函数 SUM 双击，在打开的"函数参数"对话框中进行参数设置，完成后的结果是 "= SUM（订单明细表！H3：H636）"，单击"确定"按钮即可完成运算。

（6）选择统计报告工作表的 B4 单元格，然后单击"公式"选项卡 | "函数库"组 | "插入函数"按钮，打开"插入函数"对话框，在该对话框中选择函数 SUMIFS 双击，在打开的"函数参数"对话框中进行参数设置，完成后的结果是 "= SUM！S（订单明细表！H3：H636，订单明细表！D3：D636,"BK-83021"，订单明细表！B3：B636,"＞=2012-1-1"，订单明细表！B3：B636,"＜=2012-12-31"）"，单击"确定"按钮即可完成运算。

（7）选择统计报告工作表的 B5 单元格，然后单击"公式"选项卡 | "函数库"组 | "插入函数"按钮，打开"插入函数"对话框，在该对话框中选择函数 SUMIFS 双击，在打开的"函数参数"对话框中进行参数设置，完成后的结果是 "= SUMIF（订单明细表！H3：H636，订单明细表！C3：C636,"隆华书店"，订单明细表！B3：B636,"＞=2011-7-1"，订单明细表！B3：B636,"＜=2011-9-30"）"，单击"确定"按钮即可完成运算。

（8）选择统计报告工作表的 B6 单元格，然后单击"公式"选项卡 | "函数库"组 | "插入函数"按钮，打开"插入函数"对话框，在该对话框中选择函数 SUMIFS 双击，在打开的"函数参数"对话框中进行参数设置，完成后的结果是 "= SUMIF（订单明细表！H3：H636，订单明细表！C3：C636,"隆华书店"，订单明细表！B3：B636,"＞=2011-1-1"，订单明细表！B3：B636,"＜=2011-12-31"）/12"，单击"确定"按钮即可完成运算。

任务 2-3： 数据透视表

【任务描述】

小林是北京某师范大学财务处的会计，计算机系计算机基础教研室提交了该教研室 2012 年的课程授课情况，希望财务处尽快核算并发放他们室的课时费。请根据素材文件夹中"素材.xlsx"中的各种情况，帮助小林核算出计算机基础教研室 2012 年度每个教员的课时费情况。具体要求如下。

（1）将"素材.xlsx"另存为"课时费.xlsx"的文件，所有的操作基于此新保存好的文件。

（2）将"课时费统计表"标签颜色更改为红色，将第一行根据表格情况合并为一个单元格，并设置合适的字体、字号，使其成为该工作表的标题。对 A2：I22 区域套用合适的中等深浅的、带标题行的表格格式。前 6 列对齐方式设为居中；其余与数值和金额有关的列，标题设为居中，值设为右对齐，学时数为整数，金额为货币样式并保留 2 位小数。

（3）"课时费统计表"中的 F 至 L 列中的空白内容必须采用公式的方式计算结果。根据"教师基本信息"工作表和"课时费标准"工作表计算"职称"和"课时标准"列内容，根据"授课信息表"和"课程基本信息"工作表计算"学时数"列内容，最后完成"课时费"列的计算。（提示：建议对"授课信息表"中的数据按姓名排序后增加"学时数"列，并通过 VLOOKUP 查询"课程基本信息"表获得相应的值。）

（4）为"课时费统计表"创建一个数据透视表，保存在新的工作表中。其中报表筛选条件为"年度"，列标签为"教研室"，行标签为"职称"，求和项为"课时费"。并在该透视表下方的 A12：F24 区域内插入一个饼图，显示计算机基础教研室课时费对职称的分布情况。并将该工作表命名为"数据透视图"，表标签颜色为蓝色。

（5）保存"课时费 .xlsx"文件。

【实验类型】

设计性实验。

【实验步骤】

具体操作步骤如下。

（1）打开素材文件素材 .xlsx，单击"文件"｜"另存为"命令将此文件另存为"课时费 .xlsx"文件。

（2）右击"课时费统计表"，在弹出的快捷菜单中的"工作表标签颜色"中的"主体颜色"中选择"红色"，在"课时费统计表"表中，选中第一行，右击，在弹出的快捷菜单中选择"设置单元格格式"命令，弹出"设置单元格格式"对话框。在"对齐"选项卡下的"文本控制"组中，选中"合并单元格"，切换至"字体"选项卡，在"字体"下拉列表中选择一种合适的字体，此处选择"黑体"。在"字号"下拉列表中选择一种合适的字号，此处选择 14。选中 A2：I22 区域，单击"开始"选项卡｜"样式"组｜"套用表格格式"下拉按钮，在打开的下拉列表中选择一种恰当的样式。按照题意，此处选择"表样式中等深浅 5"。此时弹出"套用表格式"对话框，选中"表包含标题"复选框，最后单击"确定"按钮即可。选中前 6 列，右击，在弹出的快捷菜单中选择"设置单元格格式"命令，弹出"设置单元格格式"对话框。在"对齐"选项卡下的"文本对齐方式"组的"水平对齐"下拉列表框中选择"居中"，然后单击"确定"按钮。根据题意，选中与数值和金额有关的列标题，右击，在弹出的快捷菜单中选择"设置单元格格式"命令，弹出"设置单元格格式"对话框。在"对齐"选项卡下的"文本对齐方式"组的"水平对齐"下拉列表框中选择"居中"。设置完毕后单击"确定"按钮即可。然后再选中与数值和金额有关的列，按照同样的方式打开"设置单元格格式"对话框，在"对齐"选项卡下的"文本对齐方式"组的"水平对齐"下拉列表框中选择"靠右（缩进）"。设置完毕后单击"确定"按钮即可。选中学时数所在的列，右击，在弹出的快捷菜单中选择"设置单元格格式"命令。在弹出的"设置单元格格式"对话框中切换至"数字"选项卡，在分类中选择"数值"，在右侧的"小数位数"微调框中选择"0"。设置完毕后单击"确定"按钮即可。选中"课时费"和"课时标准"所在的列，按照同样的方式打开"设置单元格格式"对话框。切换至"数字"选项卡，在分类中选择"货币"，在右侧的"小数位数"微调框中选择 2。设置完毕后单击"确定"按钮即可。

（3）在采用公式的方式计算"课时费统计表"中的 F 至 L 列中的空白内容之前，为了方便结果的计算，我们先对教师基本信息工作表和课时费标准工作表的数据区域定义名称。首先切换至教师基本信息表中，选中数据区域，右击，在弹出的快捷菜单中选择"定义名称"命令，打开"新建名称"对话框。在"名称"中输入"教师信息"后单击"确定"按钮即可。按照同样的方式为"课时费标准"定义名称为"费用标准"。先根据"教师基本信息"表计算"课时费统计表"中"职称"列的内容。选中"课时费统计表"中的 F3 单元格，输入公式"＝VLOOKUP（E3，教师信息，5，FALSE）"后按 Enter 键即可将对应的职称数据引用至"课时费统计表"中。按照根据"教师基本信息"计算"课时费统计表"中"职称"列的内容同样的方式来计算"课时标准"列的内容。现在根据"授课信息表"和"课程基本信息"工作表计算"学时数"列内容。按照同样的方式先对"课程基本信息"的数据区域定义名称，此处定义为"课程信息"。

再对"授课信息表"中的数据按姓名排序。选中"姓名"列，单击"数据"选项卡｜"排序和筛选"组｜"升序"按钮，打开"排序提醒"对话框，保持默认选项，然后单击"排序"按钮即可。然后在"授课信息表"的 F2 单元格中增加"学时数"列，即输入"学时数"字样。以根据"教师基本信息"计算"课时费统计表"中"职称"列的内容同样的方式引用"课程基本信息"中的"学时数"数据至对应的"授课信息表"中。最后来计算"课时费统计表"中的"学时数"列。选中 H3 单元格，输入公式"＝SUMIF（授课信息表！＄D＄3：＄D＄72，E3，授课信息表！＄F＄3：＄F＄72）"，然后按 Enter 键即可。在 I3 单元格中输入公式"＝G3＊H3"，即可完成课时费的计算。

（4）在创建数据透视表之前，要保证数据区域必须有列标题，并且该区域中没有空行。选中"课时费统计表"工作表的数据区域，单击"插入"选项卡｜"表格"组｜"数据透视表"按钮，打开"创建数据透视表"对话框。在"选择一个表或区域"项下的"表/区域"框显示当前已选择的数据源区域，此处对默认选择不做更改。指定数据透视表存放的位置：选中"新工作表"，单击"确定"按钮。Excel 会将空的数据透视表添加到指定位置，并在右侧显示数据透视表字段列表窗格。根据题意，选择要添加到报表的字段。将"年度"拖曳至"报表筛选"条件，"教研室"拖曳至"列标签"，"职称"拖曳至"行标签"，"课时费"拖曳至"数值"中求和。单击数据透视表区域中的任意单元格，然后单击"数据透视表工具｜选项"选项卡｜"工具"组｜"数据透视图"按钮，打开"插入图表"对话框。根据题意，此处选择"饼图"。单击"确定"按钮后，返回数据透视工作表中，根据题意，拖动饼图至A12：F24 单元格内即可。为该工作表命名，双击数据透视表的工作表名，重新输入"数据透视图"字样。右击表名"数据透视图"，在弹出的快捷菜单中选择"工作表标签颜色"｜"主体颜色"｜"蓝色"。

四、实验报告要求

1. 实验报告项目要填写齐全。

2. 请读者结合自己的能力，任选以下一种实验任务方案完成实验：① 利用上课实验时间，只完成验证性实验任务；② 利用课余时间阅读、理解基本应用的验证性实验任务，在上课实验时间完成设计性实验任务；③ 利用上课实验时间完成验证性实验任务和设计性实验任务。

3. 实验思考部分，请读者根据自己的情况自行选择是否完成。

4. 实验报告中的实验内容必须先抄写题目，然后给出完成实验过程的主要界面，最后给出结果分析。

实验 3　PowerPoint 2016 高级应用

一、实验目的

1. 熟悉 PowerPoint 2016 中演示文稿处理的基本方法。
2. 了解演示文稿处理过程中相关高级应用。
3. 掌握 PowerPoint 2016 中演示文稿处理的基本操作。

二、实验原理

教材中有关演示文稿处理的知识。

三、实验任务

1. 模拟训练

任务 3-1：基本设置

【任务描述】

新建一个演示文稿"练习 1.pptx"，并完成下列操作。

（1）将第 1 张幻灯片的背景设置为"鱼类化石"纹理。

（2）将演示文稿的主题设置为"活力"。

（3）将第 2 张幻灯片中的一级文本的项目符号设置为"√"。

（4）将第 3 张幻灯片中的图片设置动画为"溶解"。

（5）在第 4 张幻灯片的"页眉和页脚"设置中插入幻灯片编号。

【实验类型】

验证性实验。

【实验步骤】

（1）选中需要设置纹理的幻灯片，右击，在弹出的快捷菜单中选择"设置背景格式"命令，在打开的"设置背景格式"窗格中选择"图片或纹理填充"，选择"纹理"为"鱼类化石"。

（2）在"设计"选项卡 | "主题"组中，选择"活力"主题。

（3）选中第2张幻灯片，选择一级文本右击，在弹出的快捷菜单中选择"项目符号"，选择"√"。

（4）选择第3张幻灯片，选择图片，在"切换"选项卡｜"切换到此幻灯片"组中选择"溶解"效果。

（5）选择第4张幻灯片，单击"插入"选项卡｜"文本"组｜"页眉和页脚"。

2. 实践应用

任务3-2：组织结构图

【任务描述】

新建一个演示文稿"练习3.pptx"，并完成下列操作。

（1）第1张幻灯片为标题页，标题为"云计算简介"，并将其设置为艺术字，有制作日期（格式：****年**月**日），并指明制作者为"作者：***"，第2页为目录，第3页和第4页为云计算简介的相关内容，在第5张幻灯片中采用艺术字书写内容"敬请批评指正！"。

（2）为幻灯片中的第2页目录插入超链接，单击时应跳转到相应幻灯片上。

（3）幻灯片板式至少有3种，并为演示文稿选择一个合适的主题。

（4）第3张幻灯片采用名称为"水平组织结构图"的组织结构图来表示，最上级内容为"云计算的五个主要特征"。

（5）为第1张幻灯片中的对象添加动画效果。

【实验类型】

设计性实验。

【实验步骤】

（1）选中第1页，在"单击此处添加标题"中输入"云计算简介"，在"格式"选项卡｜"艺术字样式"组中，选择一种艺术字样式，然后添加日期和作者信息。在第2页输入目录信息，第3、4页输入具体内容，第5页输入"敬请批评指正！"并设置艺术字样式。

（2）进入第2页，选中目标文字，右击，在弹出的快捷菜单中选择"超链接"命令，弹出"插入超链接"对话框，选择本文档中的位置，在"请选择文档中的位置"下选择需要跳转到的幻灯片位置，选择完毕后，单击"确定"按钮。

（3）单击"开始"选项卡｜"幻灯片"组｜"版式"下拉按钮，为PPT选择版式，在"设计"选项卡｜"主题"组中选择主题。

（4）单击"插入"选项卡｜"插图"｜SmartArt，输入"云计算的五个主要特征"。

（5）进入第1页，单击"动画"选项卡｜"高级动画"组｜"添加动画"下拉按钮，添加动画效果。

任务3-3：版式、动画设置

【任务描述】

　　"福星一号"发射成功，并完成与银星一号对接等任务，全国人民为之振奋和鼓舞，作为航天城中国航天博览馆讲解员的小苏，接受了制作"福星一号飞船简介"的演示幻灯片的任务。请根据素材中的"福星一号素材.docx"的素材，帮助小苏完成制作任务，具体要求如下。

　　（1）演示文稿中至少包含七张幻灯片，要有标题幻灯片和致谢幻灯片。幻灯片必须选择一种主题，要求字体和色彩合理、美观大方，幻灯片的切换要用不同的效果。

　　（2）标题幻灯片的标题为"'福星一号'飞船简介"，副标题为"中国航天博览馆 北京 二〇一三年六月"。内容幻灯片选择合理的版式，根据素材中对应标题"概况、飞船参数与飞行计划、飞船任务、航天员乘组"的内容各制作一张幻灯片，"精彩时刻"制作两三张幻灯片。

　　（3）"航天员乘组"和"精彩时刻"的图片文件均存放于素材中，航天员的简介根据幻灯片的篇幅情况需要进行精简，播放时文字和图片要有动画效果。

　　（4）演示文稿保存为"福星一号.pptx"。

【实验类型】

　　设计性实验。

【实验步骤】

　　（1）新建 7 张幻灯片，第 1 页设为标题页，最后一页设置为致谢，在"设计"选项卡中选择不同主题，在"切换"选项卡中选择不同幻灯片效果。

　　（2）单击"点击此处添加标题"，添加标题，插入文本框添加副标题，通过"开始"选项卡 |"幻灯片"组 |"版式"下拉按钮选择不同版式。

　　（3）选中图片或文字，在"动画"选项卡中选择动画效果。

　　（4）单击"开始"|"另存为"命令，保存为"福星一号.pptx"。

四、实验报告要求

　　1. 实验报告项目要填写齐全。

　　2. 请读者结合自己的能力，任选以下一种实验任务方案完成实验：① 利用上课实验时间，只完成验证性实验任务；② 利用课余时间阅读、理解基本应用的验证性实验任务，在上课实验时间完成设计性实验任务；③ 利用上课实验时间完成验证性实验任务和设计性实验任务。

　　3. 实验思考部分，请读者根据自己的情况自行选择是否完成。

　　4. 实验报告中的实验内容必须先抄写题目，然后给出完成实验过程的主要界面，最后给出结果分析。

实验 4　在线协作高级应用

一、实验目的

1. 熟悉 Word 2016 中在线协作的基本方法。
2. 学会 Word 2016 在线协作过程中相关高级应用。
3. 掌握 Word 2016 在线协作中相关处理的基本操作。
4. 掌握利用企业微信或腾讯文档实现协同编辑文档。

二、实验原理

教材中有关在线文档协作的知识。

三、实验任务

1. 模拟训练

任务 4-1：基本设置

【任务描述】

新建一个 Word 文档"练习 1.docx"，并完成下列操作。

（1）将文件保存到云。

（2）在 Word 2016 中共享文件。

【实验类型】

验证性实验。

【实验步骤】

（1）选择"文件"｜"另存为"命令，选择"另存为"界面中的"OneDrive"。一般将个人文件保存到"OneDrive-个人"，将工作文件保存到公司 OneDrive。为文件输入描述性名称，然后单击"保存"按钮。

（2）单击"共享"按钮，该按钮位于功能区上方，靠近文档窗口的右上角。成功后，将显示"共享"窗格。填写有关协作者的信息：在"邀请人员"文本框中输入要与之共享文档的人员的电子邮件地址，如果使用 Outlook 作为计算机的通信簿，可单击"邀请人员"文本框右侧的"地址"图标自动添加人员。选择合作者是否可以编辑：从界面右侧的下拉列表中选择"可查看"，邀请的合作者可以阅读文档；如选择"可编辑"，合作者可以更改文档。可在"包括消息"文本框中输入消息。单击"共享"按钮，发送邀请。此时，收件人会收到邀请邮件，单击邮件中的链接，即可在 Web 浏览器中打开并显示共享文档。如果要编辑文档，可单击链接在浏览器中的"编辑"按钮，此时，Web 浏览器将显示 Word 中显示的文档，并带有功能区的自定义版本。

2. 实践应用

企业微信和腾讯文档是当前常用的在线文档应用，下面以这两者为例分别进行介绍，读者可根据实验条件选择两者之一完成。

任务 4-2：企业微信在线文档多人共享

【任务描述】

（1）利用企业微信在线编辑文档。

（2）利用企业微信实现协同编辑文档。

【实验类型】

设计性实验。

【实验步骤】

（1）利用企业微信进行在线文档的创建、共享和编辑，既可以在手机端的"工作台"|"微文档"中进行，也可以在聊天界面中进行，还可以在电脑版企业微信侧栏的"微文档"中使用。当进入"微文档"界面后，就可以根据需求选择想要使用的模板，进入编辑界面。编辑好内容后，文档会自动保存在微盘中，可以进入微盘查看、编辑，也可以进入微文档查看、编辑。

（2）创建好文档，即可利用文档页面右上角的相应按钮或菜单设置文档编辑权限与查看权限，然后将文档转发给他人；也可以在微文档界面，设置该文档的编辑权限与查看权限，然后将文档转发给他人。

任务 4-3：腾讯文档多人共享

【任务描述】

利用腾讯文档实现文档共享，并完成下列操作。

（1）使用腾讯文档进行在线文档编辑。

（2）使用腾讯文档实现协同编辑文档。

【实验类型】

设计性实验。

【实验步骤】

（1）以在手机端操作为例。打开腾讯文档 App，进入腾讯文档后，单击左侧蓝色的"新建"按钮，这时可以选择 Word 文档、Excel 文档等。以 Excel 文档为例，单击"在线表格"，可以手动输入文字，也可以选择导入本地文件，进入编辑界面，编辑好内容后，文档会自动保存。

（2）当文档填写完成后，可以通过左上角"分享"分享给其他人，并且可以设置所有人可查看或所有人可编辑等。

读者可在计算机版腾讯文档中，按上述步骤操作，熟悉腾讯文档的使用方法。

四、实验报告要求

1. 实验报告项目要填写齐全。

2. 请读者结合自己的能力，任选以下一种实验任务方案完成实验：① 利用上课实验时间，只完成验证性实验任务；② 利用课余时间阅读、理解基本应用的验证性实验任务，在上课实验时间完成设计性实验任务；③ 利用上课实验时间完成验证性实验任务和设计性实验任务。

3. 实验思考部分，请读者根据自己的情况自行选择是否完成。

4. 实验报告中的实验内容必须先抄写题目，然后给出完成实验过程的主要界面，最后给出结果分析。

第 4 章
数字媒体与图像信息处理

实验 1　音频信号的获取与处理

一、实验目的

1. 熟悉多媒体音频素材的采集和制作方法。
2. 了解多媒体声音的基本构成要素。
3. 掌握多媒体声音的录制、编辑和合成软件的基本操作。

二、实验原理

教材中有关数字音频媒体技术的有关知识。

三、实验任务

1. 模拟训练

任务 1-1： 音频剪辑

【任务描述】

使用 GoldWave 音频处理软件制作个性手机铃声。选择要编辑的音频文件反复试听，在需要截取的源文件中设置开始标记和结束标记，使用音频软件的"剪裁""复制"等功能，并在"效果"中设置音量的调整效果。请制作一段音频剪辑成铃声。

【实验类型】

验证性实验。

【实验步骤】

（1）选取并试听源文件

① 启动 GoldWave 软件后，执行"文件"|"打开"命令，在弹出的"打开音频"对话框中选择想要制作手机铃声的源文件，单击"打开"按钮，出现如图 4-1 所示的界面，中间的部分就是打开的 MP3 文件的波形图。波形比较密、振幅大且集中的部分一般就是歌曲的高潮部分。

波形图下面有一个标尺，是用于衡量播放时间长度的标尺，利用这个标尺可以清楚地看出所截取声音文件的时间长度。

② 单击控制器中绿色的"播放"按钮，就开始从头播放这首 MP3 歌曲。这时在中间波形区有一条从左向右移动的线，它的位置就表示正在播放的位置，对应下面时间标尺的刻度就是此时已经播放的时间长度。

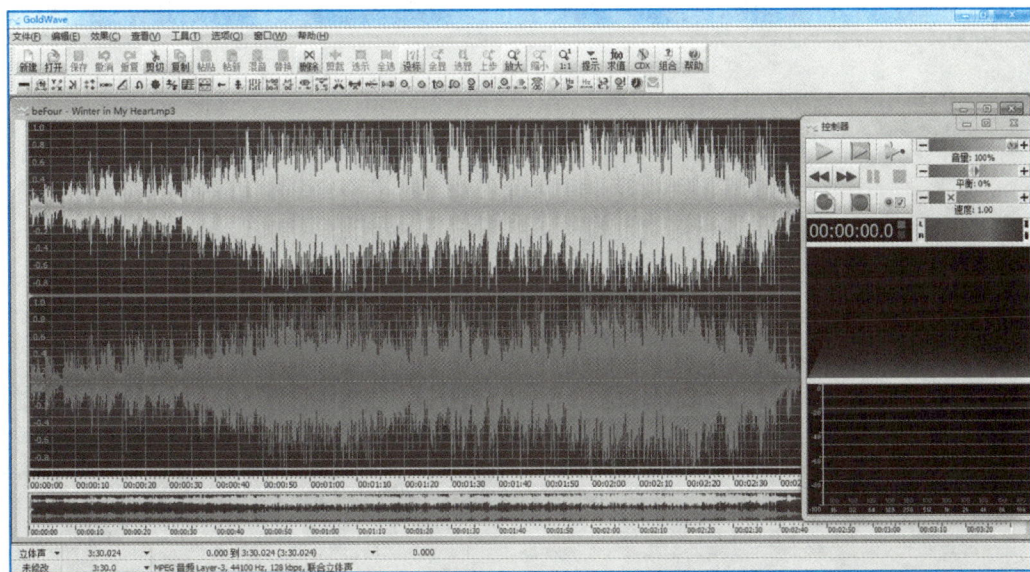

图 4-1　GoldWave 软件打开 MP3 文件的波形图

（2）截取源文件

① 选择开始位置，右击，在弹出的快捷菜单中选择"设置开始标记"命令，如图 4-2 所示。

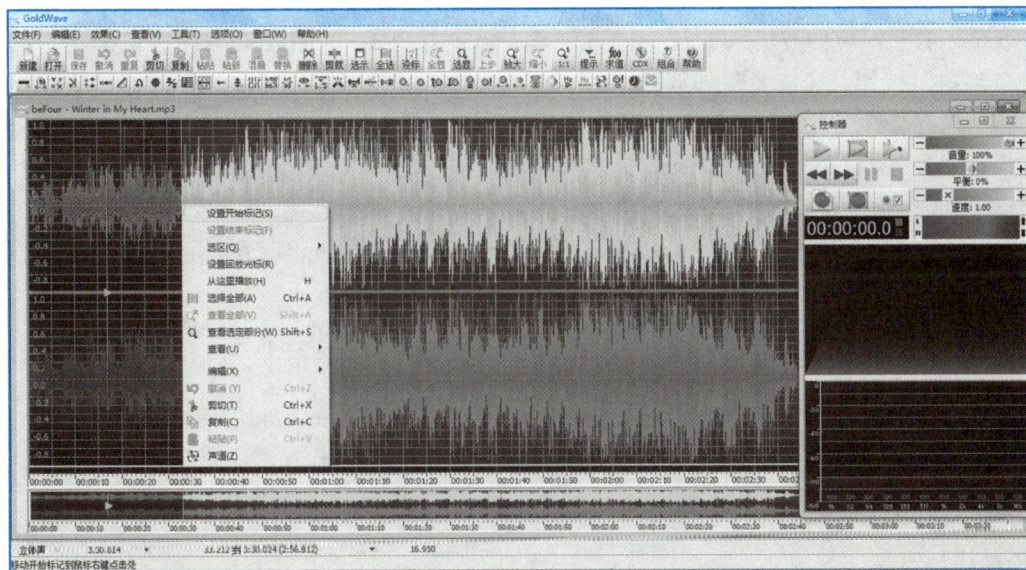

图 4-2　设置开始标记

② 选择停止位置，右击，在弹出的快捷菜单中选择"设置结束标记"命令，这时截取的波形段就高亮显示了。截取后，可以通过单击"播放"按钮来试听所选中的部分，不合适时可做出修改。

③ 单击工具栏上的"剪裁"按钮，选取的部分就生成一个完整的波形展现出来，如图 4-3 所示。

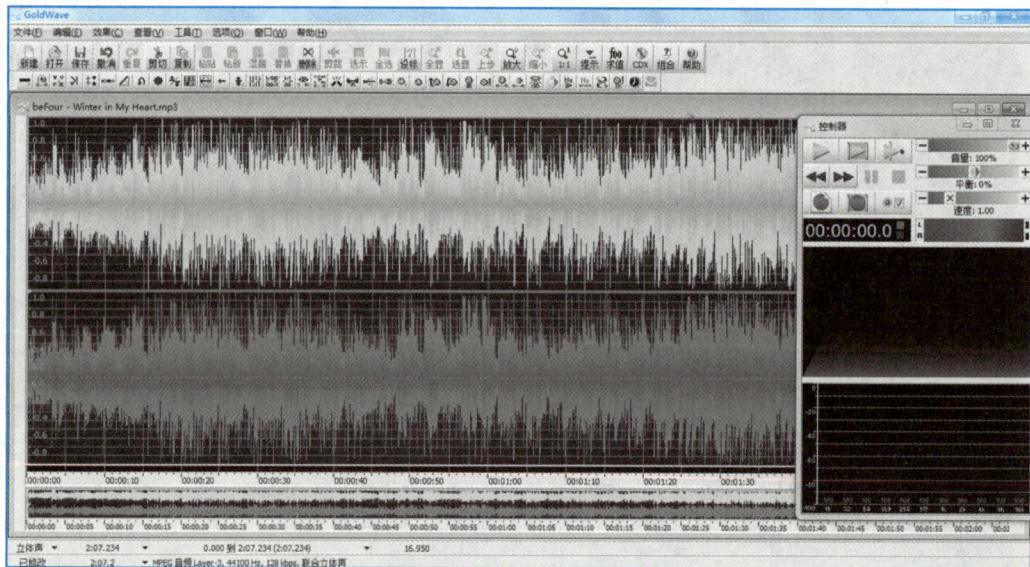

图 4-3　截取文件剪裁完成界面

（3）效果设置（以音量调节为例）

单击"效果"|"音量"|"更改音量"按钮，弹出"更改音量"对话框，单击右侧的"+"增大音量，右边对应的有增大的比例。选定后，单击绿色的"播放"图标按钮试听。最后，单击"确定"按钮，完成音量的调节。

（4）保存文件

执行"文件"|"另存为"命令，在弹出的对话框中选择文件的存储路径、存储格式（如 WAV 格式，不一定非要 MP3 格式）等。在该对话框的"属性"栏里，还可设定文件的采样频率（如 44 100 Hz，即平时的 44.1 kHz）和压缩比（如 128 Kbps 或 64 Kbps）等。设置完成后，单击"保存"按钮，自己制作的手机铃声就保存在指定位置了。

【实验思考】

有没有其他的音频处理软件呢？与 GoldWave 相比，在处理效果和应用方面有何不同？

2. 实践应用

任务 1-2：音频特效

【任务描述】

利用 Windows 系统自带的"录音机"设置相关属性，录制两段声音，生成波形文件，并用 GoldWave 软件编辑波形文件，进行声音的合并、淡入淡出、增强声音的空间感和回音效果等处理。请读者自行完成。

【实验类型】

设计性实验。

【实验思考】

使用 GoldWave 软件混音处理后的声音文件如果出现背景音乐过大或过小的问题，如何解决？

四、实验报告要求

1. 实验报告项目要填写齐全。

2. 请读者结合自己的能力，任选以下一种实验任务方案完成实验：① 利用上课实验时间，只完成验证性实验任务；② 利用课余时间阅读、理解基本应用的验证性实验任务，在上课实验时间完成设计性实验任务；③ 利用上课实验时间完成验证性实验任务和设计性实验任务。

3. 实验思考部分，请读者根据自己的情况自行选择是否完成。

4. 实验报告中的实验内容必须先抄写题目，然后给出完成实验过程的主要界面，最后给出结果分析。

实验 2　数字图像处理

一、实验目的

1. 熟悉多媒体素材图形图像的采集和制作。

2. 了解多媒体图形图像的一些基本概念和在计算机中的存储格式。

3. 掌握使用 Photoshop 软件进行图形图像的采集和编辑的基本操作。

二、实验原理

教材中有关数字图像获取、保存格式、处理的相关知识。

三、实验任务

1. 模拟训练

任务 2-1：图像换背景

【任务描述】

使用 Photoshop 软件更换人物图像背景。打开一张人物图片，替换当前人物图片背景，使用的工具主要有"快速选取工具"等。请将一幅人物图片替换背景。

【实验类型】

验证性实验。

【实验步骤】

（1）首先用 Photoshop 软件打开一张计算机上的图片，如图 4-4 所示。处理的目的是要把女性人像图片换一个背景。

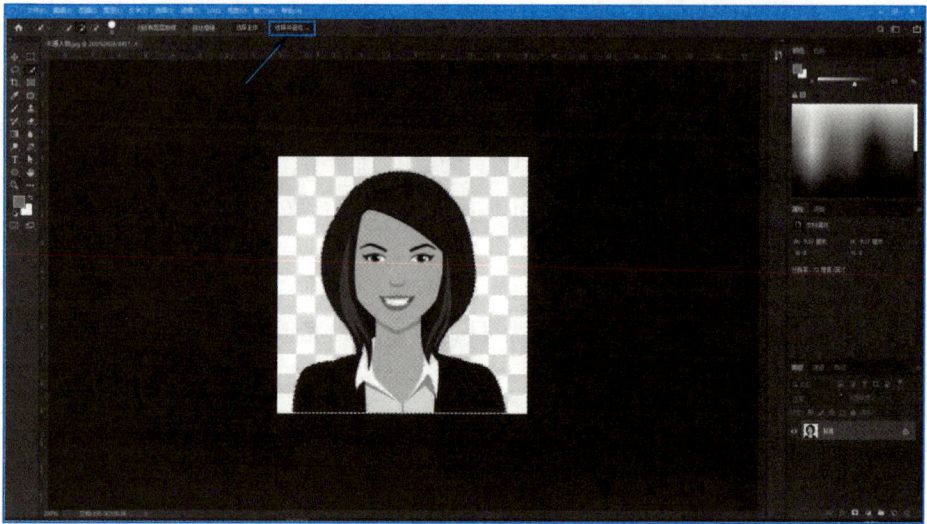

图 4-4 "打开图片"界面

（2）使用工具栏中的"快速选取工具"选中女性人像图片，使虚线框处于人像的外边缘，并选择"选择并遮住"按钮，在"全局调整"中将"平滑度"改为 5，如图 4-5 所示。

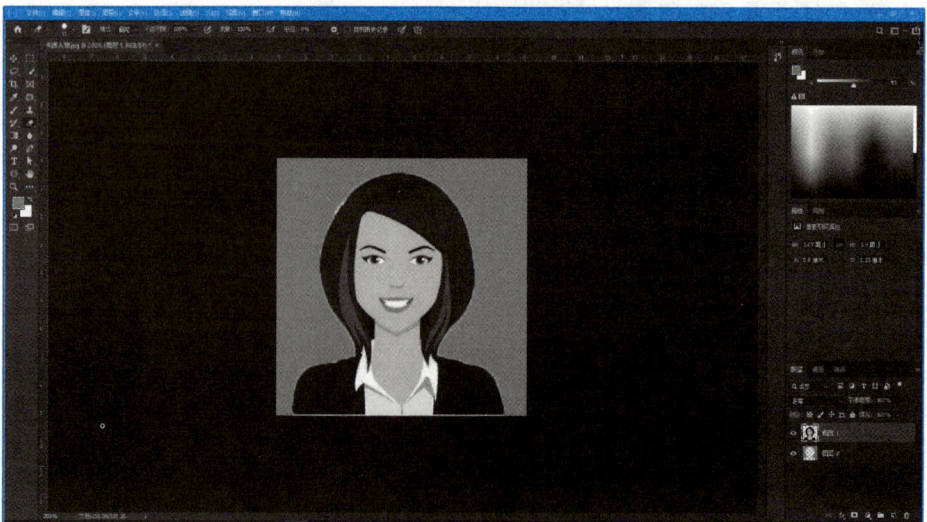

图 4-5 设置图片的平滑度

（3）双击"背景图层"，在弹出的对话框中将图层重新命名为"图层 1"。单击"选择"菜单，在下拉菜单中选择"反选"，并按 Delete 键，将背景删除。

（4）新建图层，并将图层 1 置于图层 2 的上方，在图层 2 中选择"前景色"（快捷键 Alt+Delete）或"背景色"（快捷键 Ctrl+Delete）作为人物的背景颜色。

（5）最终合成效果如图 4-6 所示。

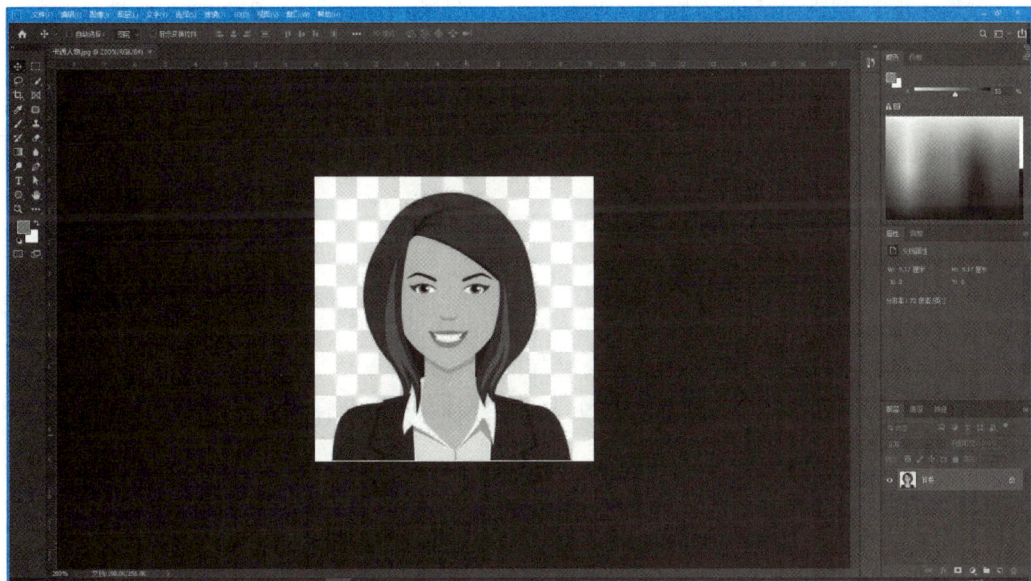

图 4-6　最终合成效果

Photoshop 工具箱中的各个工具用途不一，这里只介绍了使用较多的快速选取工具，其他工具的使用以及软件详细的操作就不再赘述，感兴趣的读者可以查阅相关资料学习。

【实验思考】

请读者自行思考，在图像合成过程中，应该注意什么问题才能使得合成的图像更加逼真？

2. 实践应用

任务 2-2：套索工具的使用

【任务描述】

（1）人物面孔替换：多次使用套索工具，精确勾勒出人物头像，在操作过程中需要反复尝试。

（2）图片修复：使用"魔棒工具""画笔工具""加深工具"等工具对老旧照片上色。

（3）照片处理：人物面孔替换，色调处理，黑白图片变彩色图片。

【实验类型】

设计性实验。

微视频 4-1：
火焰字的制作

微视频 4-2：
相机 UI 图标设计

【实验提示】

（1）利用 Photoshop 的套索工具，勾勒出所需要的人物头像；然后使用移动工具，将勾勒好的头像移动到另一张图片上。

（2）将年久发黄的老照片，先利用"魔棒工具"将照片发黄的背景颜色修复为白色，再使用"画笔工具"将照片上人物的整套衣服添上不同颜色，最后使用"加深工具""画笔工具"和"色相／饱和度"功能对照片进行细节处理并完成老照片上色的效果。

【实验思考】

请读者自行思考，可不可以通过其他方式达到同样的效果，哪种方法更简单，为什么？

四、实验报告要求

1. 实验报告项目要填写齐全。

2. 请读者结合自己的能力，任选以下一种实验任务方案完成实验：① 利用上课实验时间，只完成验证性实验任务；② 利用课余时间阅读、理解基本应用的验证性实验任务，在上课实验时间完成设计性实验任务；③ 利用上课实验时间完成验证性实验任务和设计性实验任务。

3. 实验思考部分，请读者根据自己的情况自行选择是否完成。

4. 实验报告中的实验内容必须先抄写题目，然后给出完成实验过程的主要界面，最后给出结果分析。

实验 3　数字视频处理

一、实验目的

1. 了解数字视频处理的一些基本知识。

2. 熟悉 Windows Movie Maker 数字视频处理软件的基本操作。

二、实验原理

教材中有关数字视频处理技术的相关知识。

三、实验任务

1. 模拟训练

任务 3-1：制作个性化电子相册

【任务描述】

使用 Windows Movie Maker 软件制作个性化电子相册。选择多张图片导入，并设置好每张图片的停留时间，导入音乐作为相册的背景音乐。请制作一个带背景音乐的电子相册。

【实验类型】

验证性实验。

【实验步骤】

（1）导入素材

启动 Windows Movie Maker，单击窗口中"电影任务"窗格中的"导入图片"，弹出"导入文件"对话框，找到用来制作相册的图片所在的文件夹，按住 Ctrl 键，用鼠标选中多张需要的图片，单击"导入"按钮，把图片素材导入 Windows Movie Maker，被导入的图片素材会在"收藏"栏中一一列出，然后按播放顺序用鼠标将它们一张一张地拖放到视频编辑栏中，并利用时间线设置好每张图片停留的时间。最后，单击"电影任务"窗格中的"导入音频或音乐"，打开"导入文件"对话框，导入一首自己喜欢的音乐作为相册的背景音乐，并用鼠标拖放到下方工作区的音频栏中，如图 4-7 所示。

图 4-7　导入电子相册素材

（2）添加特效

在 Windows Movie Maker 中，相册的特效包括视频效果和过渡效果。单击"电影任务"窗格中的"查看视频效果"，在"视频效果"列表中会列出系统提供的淡出变白、淡出变黑、缓慢变大、缓慢缩小等 28 种视频效果，用鼠标随意选中其中一种在预览监视器中就可以看到实效。要为图片添加视频效果，只要按实际需要选择一种效果将其拖放到视频栏的图片上即可。如果要添加图片和图片之间的过渡效果，可以单击"电影任务"窗格的"查看视频过渡"，在"视频过渡"列表中选中一种效果并用鼠标将其拖放到两张图片之间的矩形框中即可，如图 4-8 所示。

图 4-8　添加视频效果和视频过渡效果

（3）编辑片头和片尾

为相册加上片头和片尾，可以让电子相册显得更专业。单击"电影任务"窗格中的"制作片头或片尾"|"在电影开头添加片头"，在文本框中输入片头文字，单击"更改片头动画效果"，从列表中为相册的片头选择一种自己喜欢的动画效果，单击"更改文本字体和颜色"，设置好字体、字号和颜色，最后单击"完成，为电影添加片头"，相册的片头就制作好了。如果需要为相册制作一个片尾，方法与制作片头相同，如图 4-9 所示。

图 4-9　制作片头和片尾

（4）保存相册

单击"电影任务"窗格中的"完成电影"|"保存到我的计算机"或"发送到 DV 摄像机"，弹出"保存电影向导"对话框，为相册取个文件名，设置好文件的保存位置，如图 4-10 所示，单击"下一步"按钮系统自动开始保存文件，并显示保存进度条，完毕后还会自动启动 Windows Media Player 开始播放。

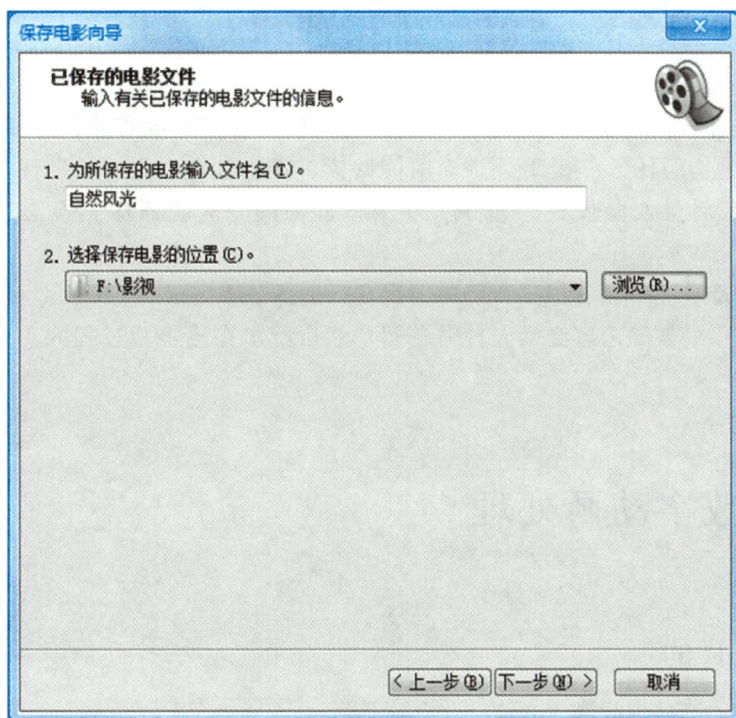

图 4-10　"保存电影向导"对话框

【实验思考】

请读者思考一下，如何将音频、图像和视频的处理有机结合，达到更好的视频处理效果？

2. 实践应用

任务 3-2：制作电子相册

【任务描述】

Windows Media Player 是 Windows 系统自带的媒体播放器，它支持几十种视频和音频格式，而且用户可以很方便地通过该软件下载音乐和视频，还可为用户创建播放列表，对音乐与视频分级、刻录 CD 并同步至各种便携设备中。请读者使用该软件制作自己的电子相册。

【实验类型】

设计性实验。

【实验思考】

Windows Movie Maker 和 Windows Media Player 两个软件对视频的处理有何不同？哪个效果更好？

想一想： 如何综合运用所学知识设计个性化数字媒体作品？

四、实验报告要求

1. 实验报告项目要填写齐全。

2. 请读者结合自己的能力，任选以下一种实验任务方案完成实验：① 利用上课实验时间，只完成验证性实验任务；② 利用课余时间阅读、理解基本应用的验证性实验任务，在上课实验时间完成设计性实验任务；③ 利用上课实验时间完成验证性实验任务和设计性实验任务。

3. 实验思考部分，请读者根据自己的情况自行选择是否完成。

4. 实验报告中的实验内容必须先抄写题目，然后给出完成实验过程的主要界面，最后给出结果分析。

实验 4 数字动画处理

一、实验目的

1. 熟悉数字动画处理的基本知识。
2. 掌握 Flash 数字动画处理软件的常用操作。

二、实验原理

教材中有关数字动画及其编辑软件的相关知识。

三、实验任务

1. 模拟训练

任务 4-1： 制作变形动画

【任务描述】

变形动画是 Flash 的一种动画效果，是在两个关键帧之间设置变形动画，变形动画包括补间形状和补间动画两种。请制作一个矩形的变形动画。

【实验类型】

验证性实验。

【实验步骤】

（1）创建影片

新建一个 Flash 文件，设置电影属性，尺寸大约 400×300 px，背景为浅橘色，如图 4-11 所示。

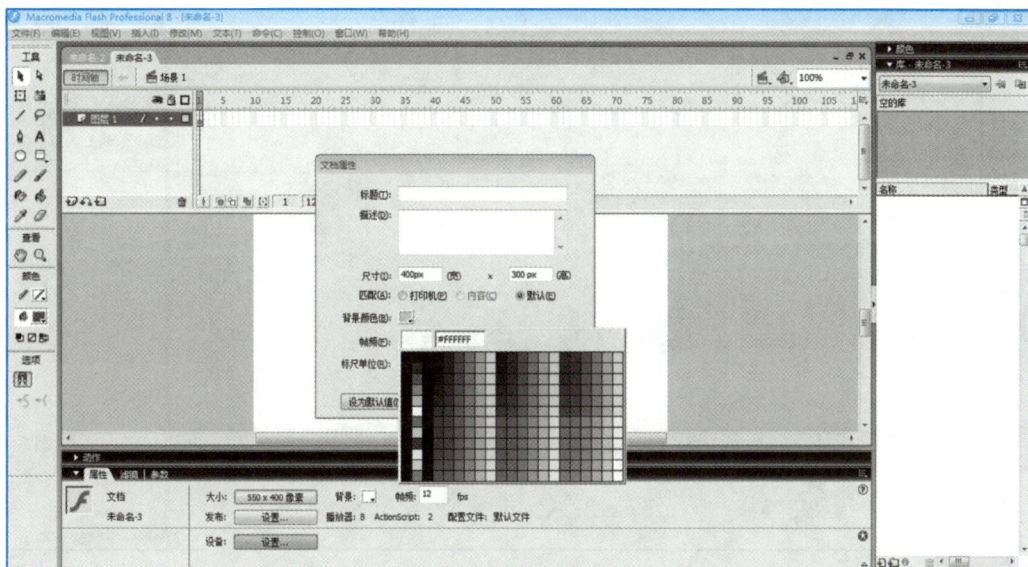

图 4-11　设置电影属性

（2）创建动画

① 在绘图工具箱中选择矩形工具，用矩形工具在场景中画出一个没有边框的红色矩形，这是变形动画的第 1 帧，如图 4-12 所示。

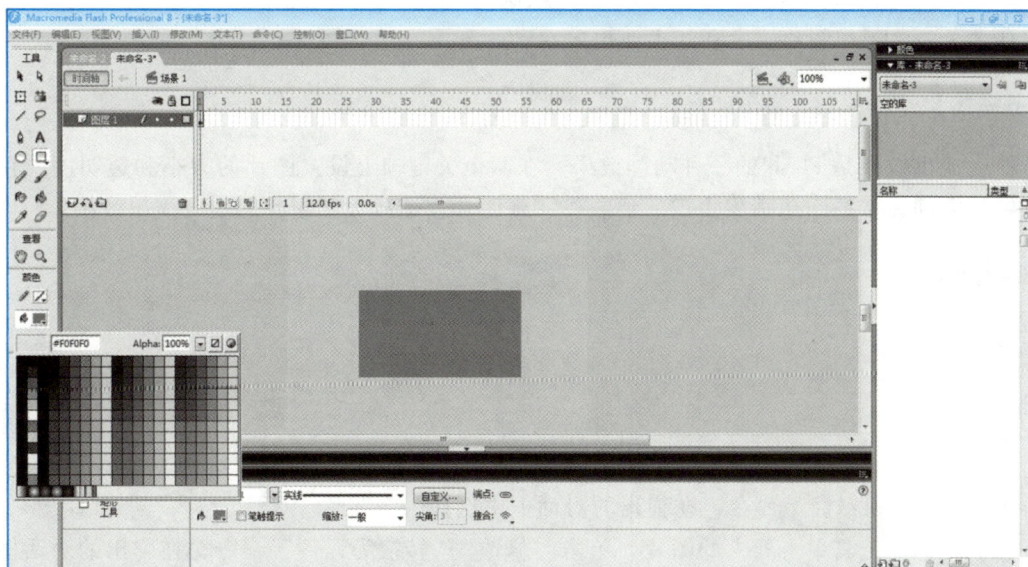

图 4-12　绘制矩形

② 单击第 10 帧并按 F7 键，插入一个空白关键帧，在椭圆工具场景中画出一个没有边框的蓝色小球。单击第 1 帧，在下边的属性提示中设置变形动画，选择形状渐变。此时，矩形变圆的动画完成，如图 4-13 所示。

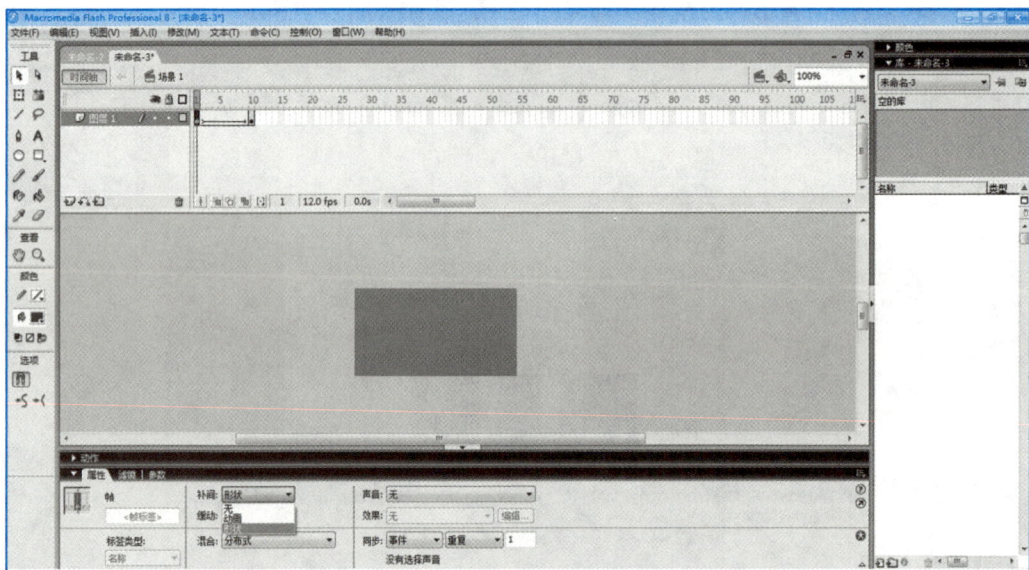

图 4-13　设置形状渐变动画

③ 单击"控制"菜单下的"影片测试"命令，查看变形效果。

（3）测试和保存文件

保存：文件名为 ＊＊＊.fla。

导出影片：格式 ＊＊＊.swf（Flash 动画默认格式），或 ＊＊＊.gif。

任务 4-2： 制作图片放大和淡入淡出效果动画

【任务描述】

淡入淡出效果是 Flash 的一种动画效果，在两个关键帧上设置图片的大小和透明度，在两个关键帧之间设置补间动画来实现。请制作一张图片逐渐放大和图片的淡入淡出效果。

【实验类型】

验证性实验。

【实验步骤】

（1）启动 Flash 软件，单击"文件"|"新建"命令，新建一个 Flash 文档，再单击"文件"|"导入"|"导入到舞台"命令，在弹出的对话框中选择一张照片。

（2）用选取工具单击导入的图片，单击"修改"|"转换为元件"命令，在弹出的对话框中选中"图形"，如图 4-14 所示。

图 4-14　图形转换为元件

（3）将鼠标光标放在 20 帧处，右击，在弹出的快捷菜单中选择"插入关键帧"命令。

（4）单击第 1 帧，然后用选取工具单击图片，右击，在弹出的快捷菜单中选择"任意变形"命令，这时图片周围出现 8 个控制点，用鼠标拖动右下角的控制点，将图片缩小，如图 4-15 所示。

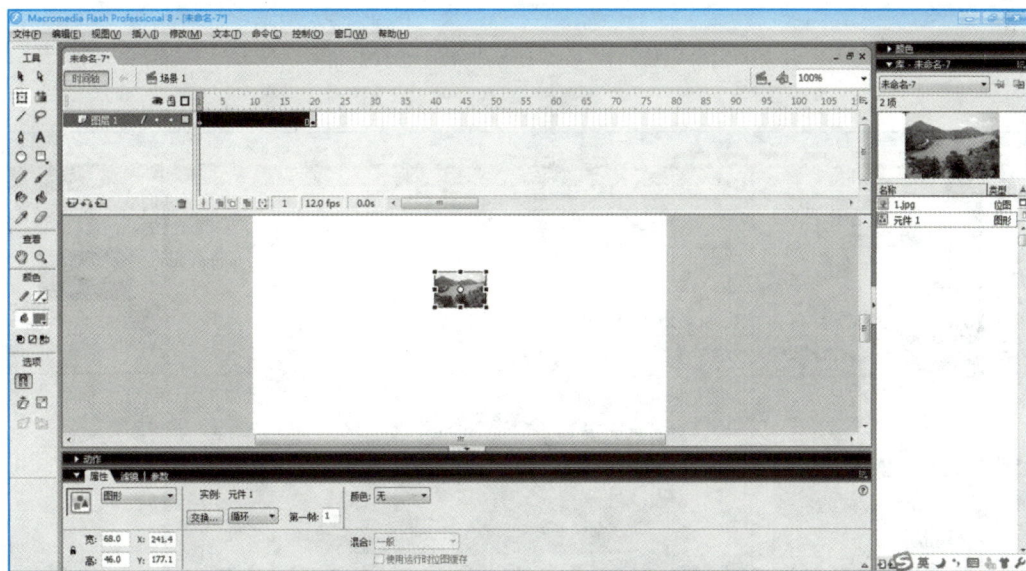

图 4-15　在第 1 帧缩小图片

（5）单击第 1 帧，将下面属性栏中的"补间"属性选择"动画"。这时单击"控制"|"影片测试"命令，就可看到一张图片由小变大的效果。

下面接着做让这张图片变大之后再渐渐向右上角消失的效果。

（6）在 40 帧处插入关键帧，移动图片到右上角，如图 4-16 所示。

（7）用鼠标选中图片，在属性栏中调整图片的透明度，"颜色"属性选择"Alpha"，值调整为 0%。

（8）单击 20 帧到 40 帧之间任意一帧，在下面属性栏中"补间"属性选择"动画"，如图 4-17 所示。

（9）动画制作完成，测试和保存文件。

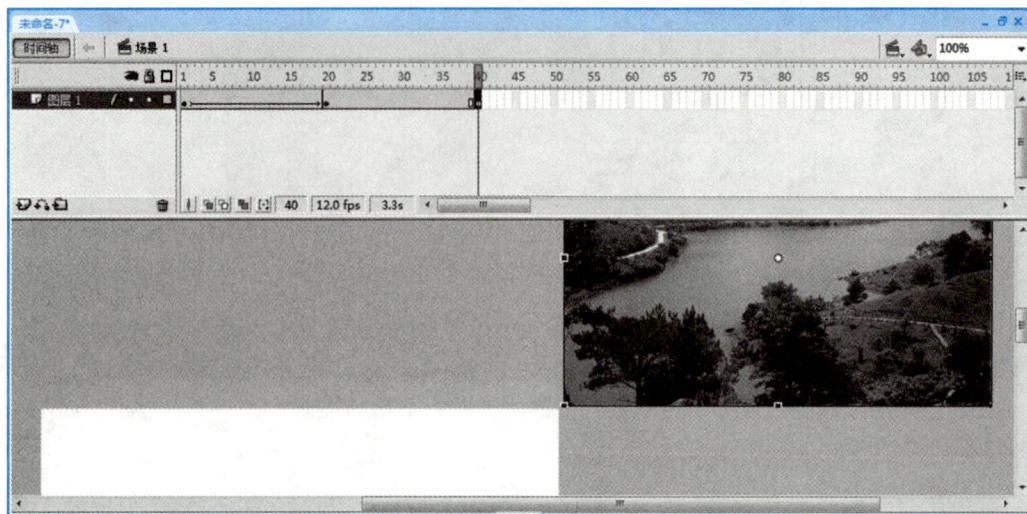

图 4-16　在 40 帧处移动图片至右上角

图 4-17　在 20 帧到 40 帧之间创建补间动画

【实验思考】

请读者思考，关键帧的作用是什么？

2. 实践应用

任务 4-3：制作小球弹跳效果

【任务描述】

运动渐变是 Flash 的另外一种动画效果，是在两个关键帧之间建立变化关系。请制作一个小球的弹跳运动动画。

【实验类型】

设计性实验。

【实验思考】

形状渐变与运动渐变的区别是什么？

四、实验报告要求

1. 实验报告项目要填写齐全。

2. 请读者结合自己的能力，任选以下一种实验任务方案完成实验：① 利用上课实验时间，只完成验证性实验任务；② 利用课余时间阅读、理解基本应用的验证性实验任务，在上课实验时间完成设计性实验任务；③ 利用上课实验时间完成验证性实验任务和设计性实验任务。

3. 实验思考部分，请读者根据自己的情况自行选择是否完成。

4. 实验报告中的实验内容必须先抄写题目，然后给出完成实验过程的主要界面，最后给出结果分析。

实验 5　数字视频媒体处理

一、实验目的

1. 熟悉数字视频处理的基本知识。
2. 掌握快剪辑软件中视频剪辑处理的功能。

二、实验原理

教材中有关视频剪辑处理的相关知识。

三、实验任务

任务 5-1：剪辑视频

【任务描述】

使用"快剪辑"软件，剪辑一段视频，并在视频中添加文字，设置滤镜特效。请剪辑一段视频并添加文字和滤镜特效。

【实验类型】

验证性实验。

【实验步骤】

（1）新建项目

新建一个视频剪辑项目，选择"专业模式"，如图 4-18 所示。

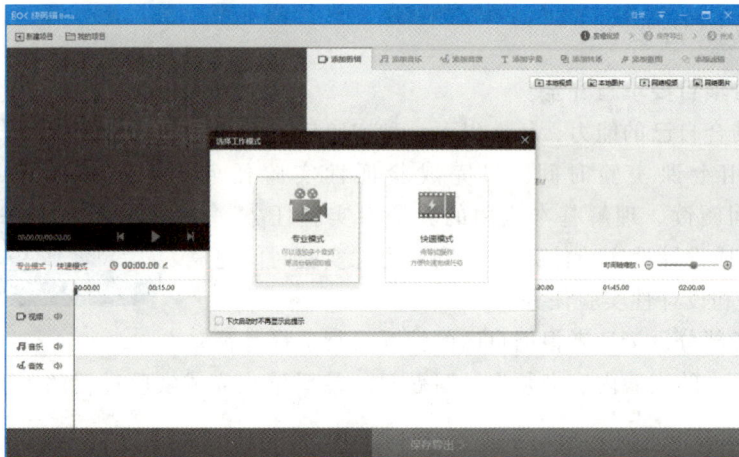

图 4-18　新建视频剪辑项目

（2）导入视频文件

在"剪辑视频"中，选择"本地视频"|"五台山文化研究.m4v"，在导入视频文件的同时导入了音频，如图 4-19 所示。

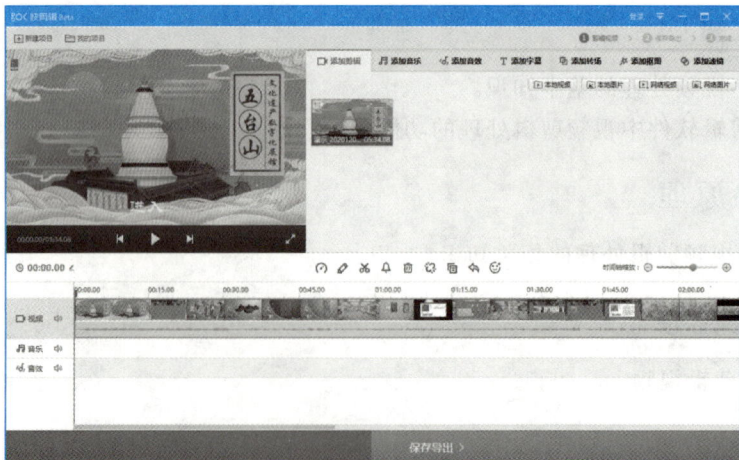

图 4-19　导入本地视频文件

（3）视频特效设置

① 在视频中添加文字。选择"添加字幕"|"输入文字"（第三行第四列），将文字修改为

"五台山壁画",并将其移动到视频时间轴中合适的位置并调整长度。这时在视频中出现文字特效"五台山壁画"。如图 4-20 所示。

(a) 字幕设置

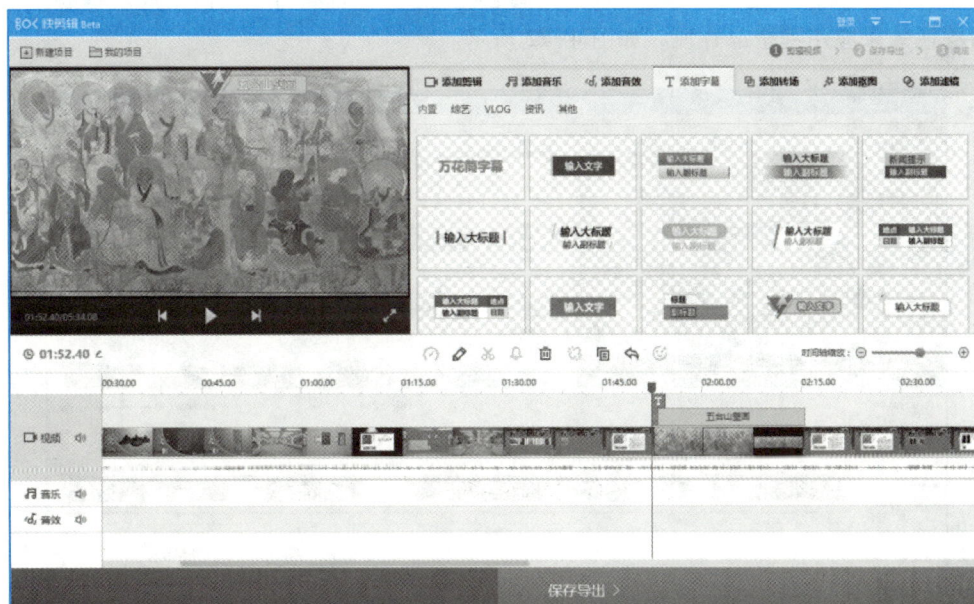

(b) 字幕效果

图 4-20　添加字幕效果

② 添加抠图效果。选择"添加抠图"|"黄金龙",将图片移动到合适的位置。在"效果样式"中选择抠图精度和抠图强度,如图 4-21 所示。

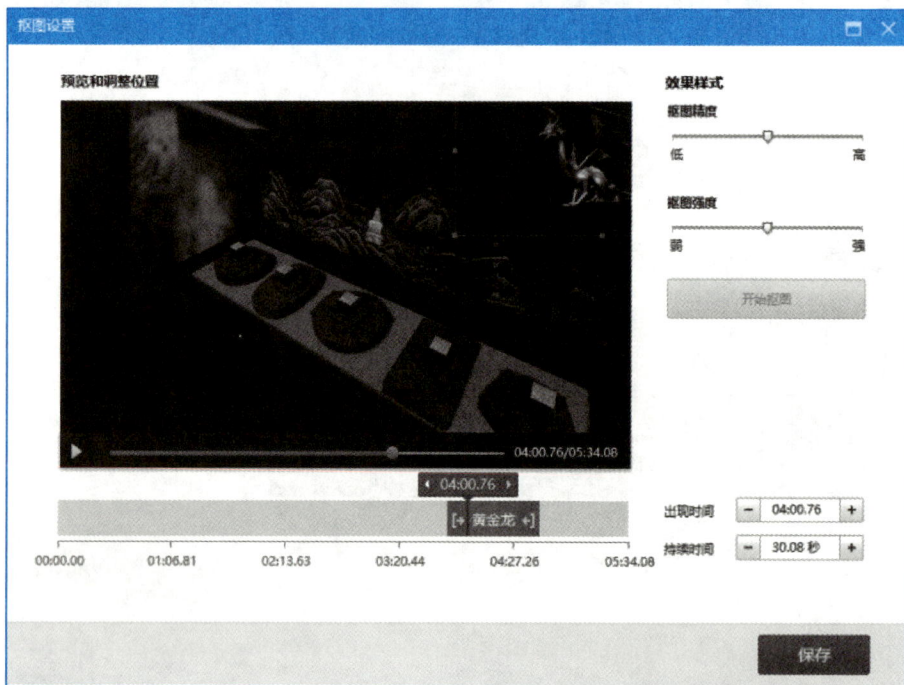

图 4-21　抠图设置界面

③ 添加滤镜特效。选择"添加滤镜"|"穆赫兰道",在视频窗口画面中展现穆赫兰道的效果。将滤镜效果应用到全部片段,如图 4-22 所示。

图 4-22　添加滤镜特效

④ 导出设置。选择"导出设置"I"视频导出"，可选文件格式有：MP4（推荐）、AVI、WMV、MOV、FLV；导出尺寸有：720 P、480 P、1 080 P、1 920 * 1 080、1 080 * 1 920、保留原素材长宽比；视频帧率有：25（推荐）、15、30、60、原素材；视频比特率有：1 500（推荐）、800、1 000、3 000、5 000、原素材；音频质量有：44 100 Hz、128 kbps（推荐）。

片头效果：在"特效片头"选项卡中选择"时尚"，填写"标题"和"创作者"。在视频播放之前，会先显示特效片头，效果如图 4-23 所示。

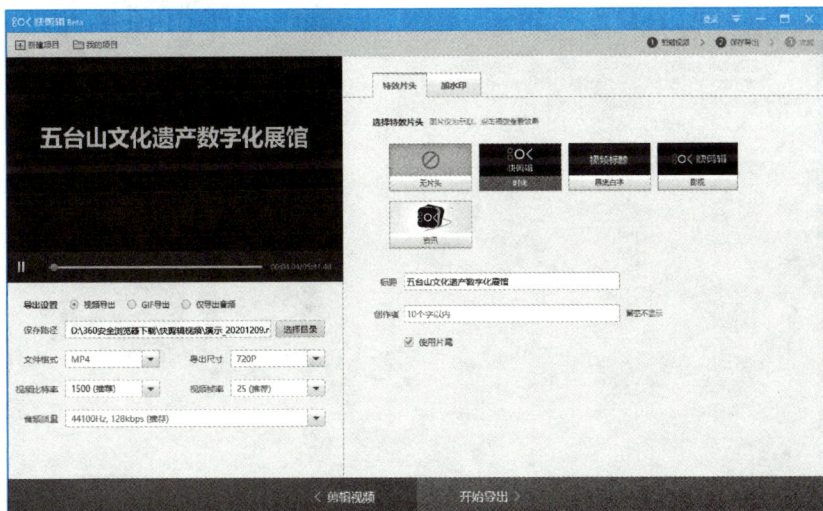

图 4-23　添加特效片头效果

水印效果：单击"加水印"I"更换图片"，将默认的图片替换，即为图片水印。选中"加文字水印"复选框，在"文字"文本框中输入"2022-2-4"，颜色为白色，并为水印文字加阴影，效果如图 4-24 所示。

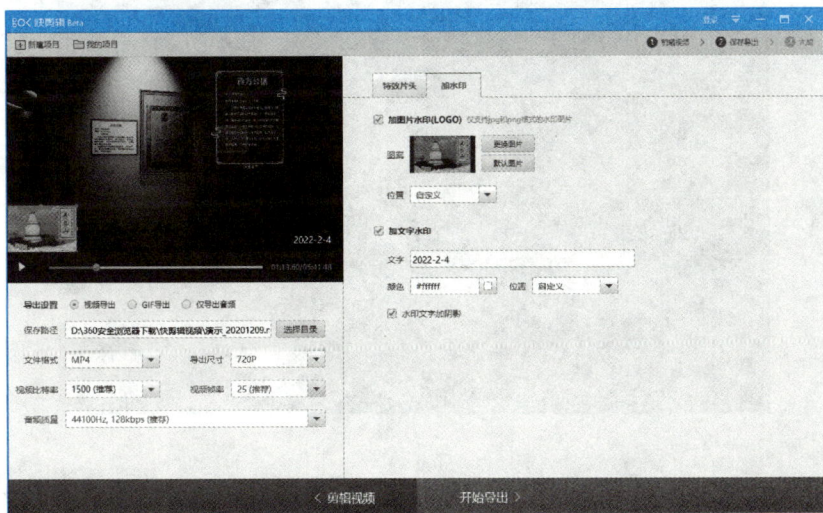

图 4-24　添加图片水印和文字水印

（4）导出视频

全部设置完毕后，单击"开始导出"，填写视频信息，包括标题、简介、标签、分类、视频封面，如图 4-25 所示。单击"下一步"按钮导出视频，单击"完成"按钮，如图 4-26 所示。

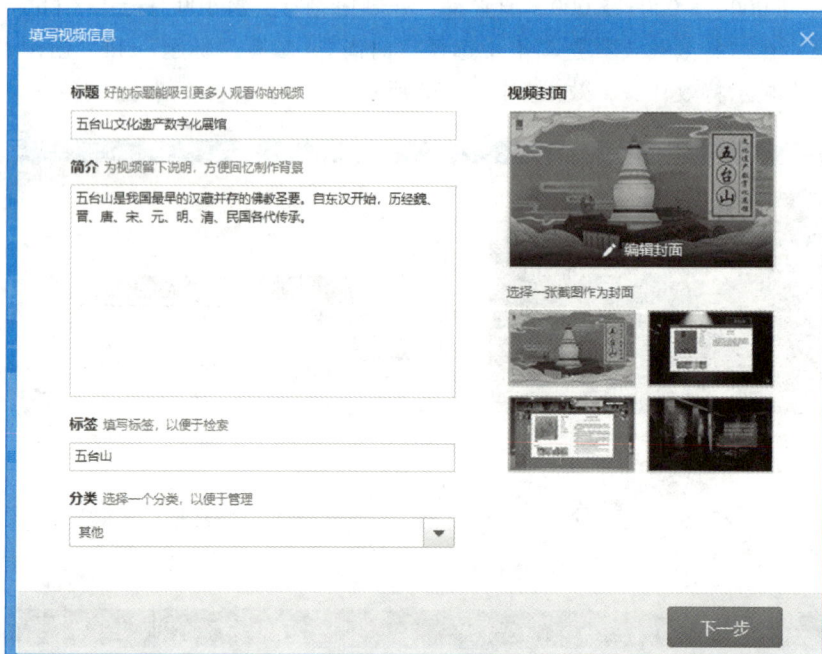

图 4-25　导出设置

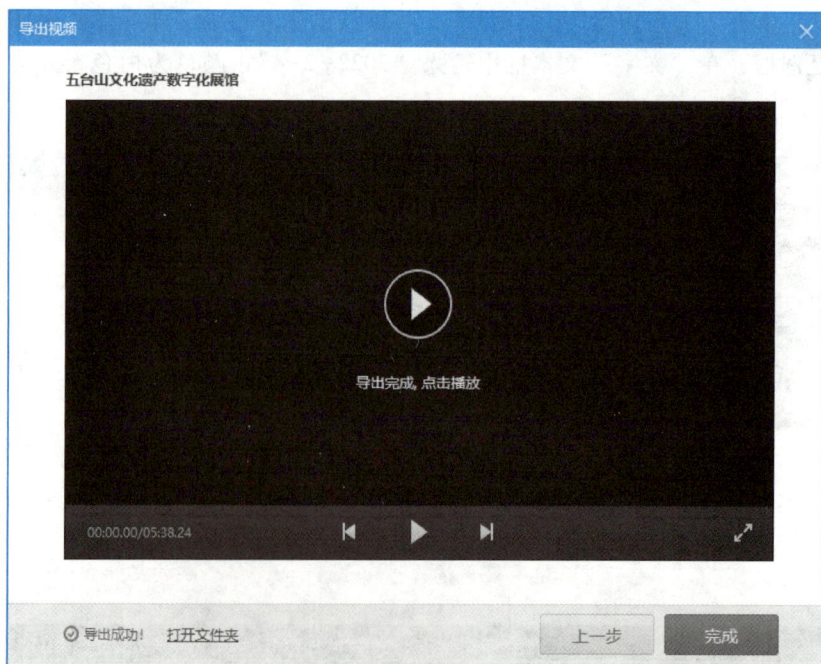

图 4-26　导出视频

第 5 章
计算机网络与信息安全

实验 1　TCP/IP 协议配置

一、实验目的

1. 了解设备联网前需要配置的参数，即 TCP/IP 协议配置。
2. 掌握如何配置上网参数。

二、实验原理

教材中有关 TCP/IP 协议配置的有关知识。

三、实验任务

【任务描述】

现在能上网的设备越来越多，不仅仅限于人们常见的台式机、笔记本电脑、平板电脑、手机，还有各种各样的设备，如路由器、交换机、电视机、空调、插座等。不管是哪一种设备，要联网，就需要配置 TCP/IP 协议参数，主要有 IP 地址、子网掩码、网关、DNS 地址等。参数配置有两种方式：一种是自动配置，另一种是手动配置。绝大多数情况下都采用自动配置的方法，例如家里的计算机、手机、平板电脑、电视、空调、插座等。只有在极个别情况下采用手动配置，例如路由器、交换机、办公室的计算机等。本实验任务是配置计算机上网的 TCP/IP 协议参数，以 Windows 7 系统为例。

【实验类型】

验证性实验

【实验步骤】

（1）在 Windows 7 桌面上找到"网络"图标，右击，在弹出的快捷菜单中选择"属性"命令，打开对话框，如图 5-1 所示。

（2）在图 5-1 所示的对话框的左上角单击"更改适配器设置"，打开如图 5-2 所示的对话框。前两个是有线连接，第三个是无线连接。注意：每台计算机显示的连接不一样，与计算机安装的网卡个数有关。

（3）在图 5-2 所示的对话框中的第一项"本地连接"上右击，在弹出的快捷菜单中选择"属性"命令，在打开的如图 5-3 所示的对话框中选择"Internet 协议版本 4（TCP/IPv4）"，单击"属性"按钮，弹出如图 5-4 所示的对话框。

（4）在图 5-4 所示的对话框中，默认采取自动配置，一般情况下不需要更改，当设备联网时，会自动获取 IP 地址、子网掩码、网关、DNS 地址等配置信息。

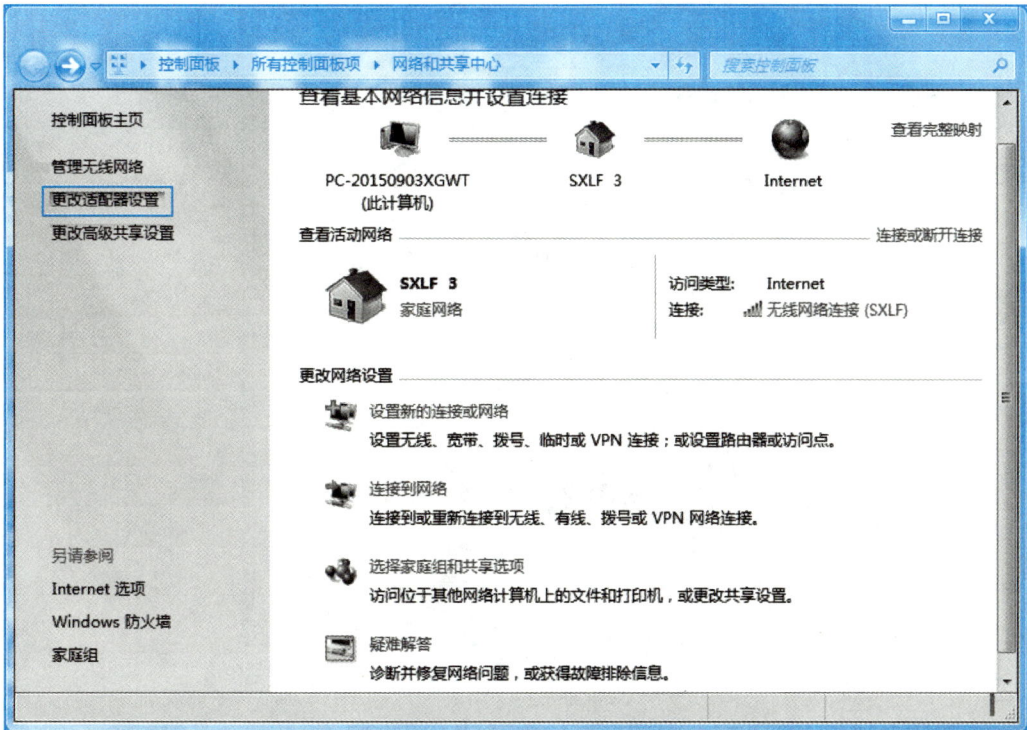

图 5-1 更改适配器设置

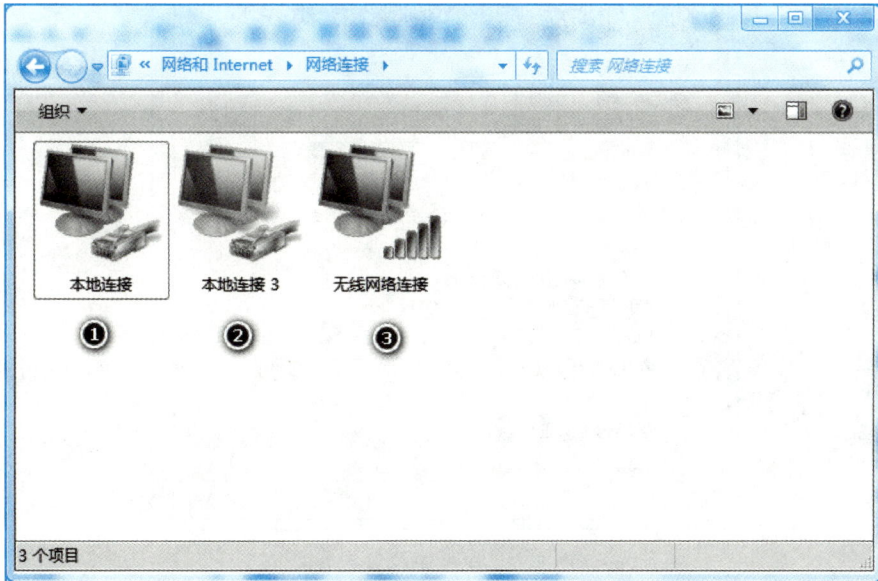

图 5-2 网络连接列表

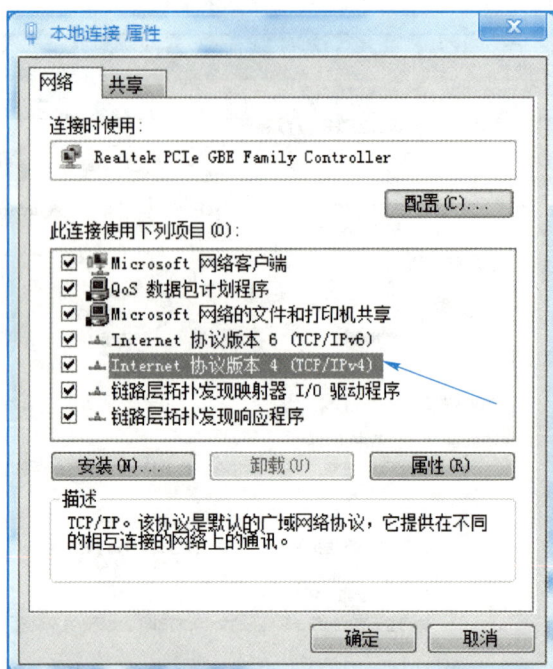

图 5-3 属性对话框

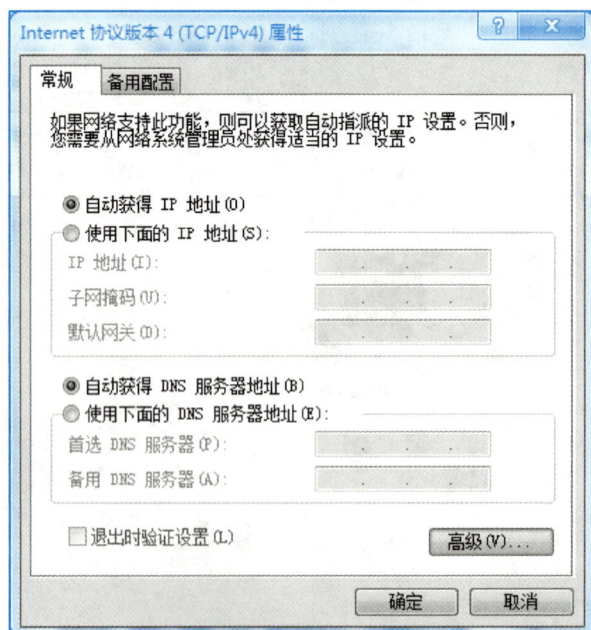

图 5-4 TCP/IP 协议配置

（5）如果要查看自动获取的配置信息，可在如图 5-2 所示的对话框中单击已经联网的连接，右击，在弹出的快捷菜单中选择"状态"命令，再在弹出的对话框中单击"详细信息"

按钮，弹出如图 5-5 所示的对话框，在该对话框中显示了网卡的 MAC 地址、IP 地址、子网掩码、网关 DNS、DHCP 服务器地址等信息。

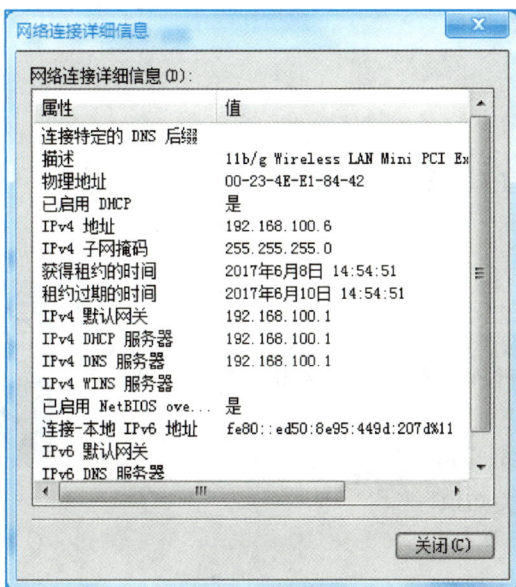

图 5-5　查看配置信息

（6）绝大多数情况下不需要手动配置协议参数，如果需要手动配置参数，首先需要与所属网络的网络管理员取得联系，获取分配给计算机的配置参数，一般需要如下信息：IP 地址、子网掩码、网关地址、DNS 地址，获取之后，在如图 5-4 所示的对话框中选中"使用下面的 IP 地址"和"使用下面的 DNS 服务器地址"单选按钮，然后按照管理员分配的参数进行配置，如图 5-6 所示。一定要按照管理员分配的参数进行配置，否则是不能上网的。

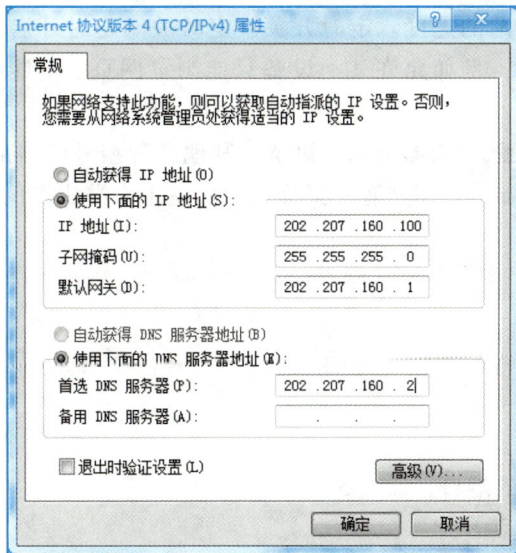

图 5-6　手动配置参数

【实验思考】

手机如何配置 TCP/IP 参数？电视机如何配置 TCP/IP 参数？空调如何配置 TCP/IP 参数？

实验 2　无线路由器的配置

一、实验目的

掌握通过浏览器和手机 App 配置无线路由器的方法。

二、实验原理

延展实践 5-1：
手机 APP 如何配置路由器

教材中网络设备的有关知识。

三、实验任务

【任务描述】

现在家里需要上网的设备越来越多，其中大多数需要通过无线路由器来连接，无线路由器的功能也越来越强大，例如远程管理、儿童上网保护、信道调节器、定时开关、网速限制、查看在线用户等。远程管理：只要手机能上网，不管在哪儿都可以通过手机进行远程管理路由器。儿童上网保护：限制设备的上网时间段，设置设备哪段时间能上网哪段时间不能上网。信道调节器：现在的无线路由器很多，无线信号会相互干扰，导致网速变慢，信道调节器会选择合适的信道，提高上网的速度。定时开关：定时关闭定时开启无线路由器。网速限制：限制某一设备的上网速度，例如允许某一设备只能浏览网页、不能看视频。查看在线用户：查看哪些用户当前在线。

本实验以 TP-LINK 无线路由器为例来讲解，其他品牌型号的路由器配置大同小异，并且都配有说明书。无线路由器的背面贴有一张标签，标签上有路由器的默认 IP 地址、管理员用户名和密码。

【实验类型】

验证性实验。

【实验步骤】

（1）认识无线路由器的端口，如图 5-7 所示。

① 电源接口：连接电源。

② LAN 接口：连接网线，网线连接到有线网卡。

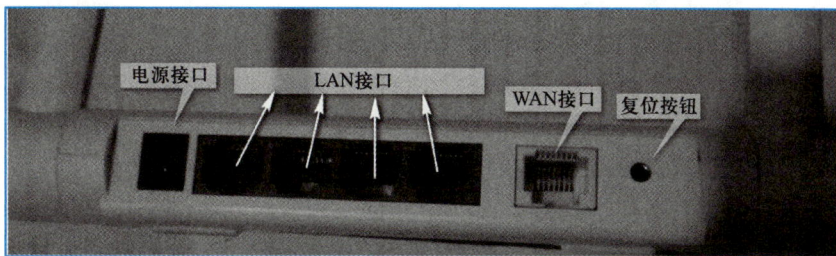

图 5-7　路由器接口

③ WAN 接口：通过网线连接到调制解调器的有线接口上（调制解调器一般只有一个接口）。光纤调制解调器（光猫）有两个接口，连接到 LAN1 端口上，LAN2 连接电视机顶盒。

④ 复位按钮：当忘记路由器的用户名或密码后，按住该按钮会恢复出厂设置。

（2）接通无线路由器电源，然后插上网线，进线（跟调制解调器连接的网线）插在 WAN 接口上，跟计算机连接的网线可插在任意一个 LAN 接口。然后在浏览器地址栏中输入路由器背面标签上的 IP 地址，出现如图 5-8 所示的对话框，输入路由器背面标签上的账号和密码，单击"登录"按钮，进入管理系统，如图 5-9 所示，单击"设置向导"按钮，在弹出的对话框中再单击"下一步"按钮，弹出如图 5-10 所示的对话框。

图 5-8　路由器管理登录

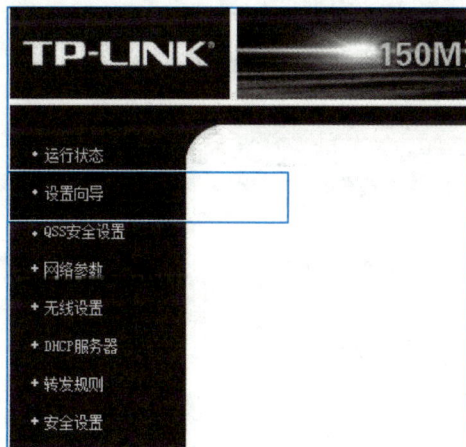

图 5-9　管理系统首页

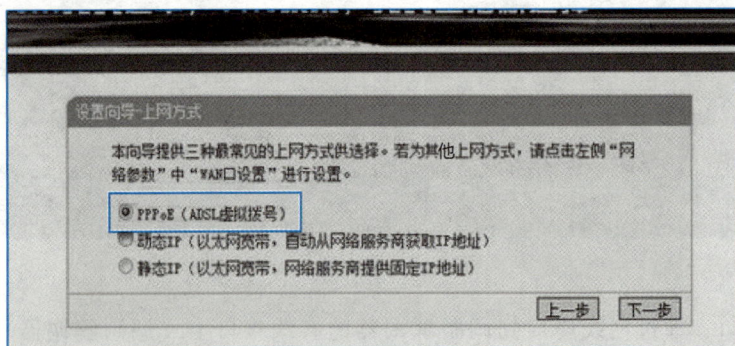

图 5-10　选择上网方式

（3）在图 5-10 中，选择上网方式，一般都选择"PPPOE（ADSL 虚拟拨号）"方式，再单击"下一步"按钮，弹出如图 5-11 所示的对话框，输入从电信运营商申请的上网账号和密码，再单击"下一步"按钮，弹出如图 5-12 所示的对话框。

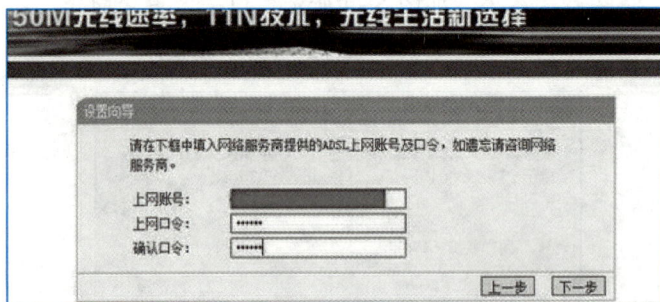

图 5-11　输入上网账号和密码

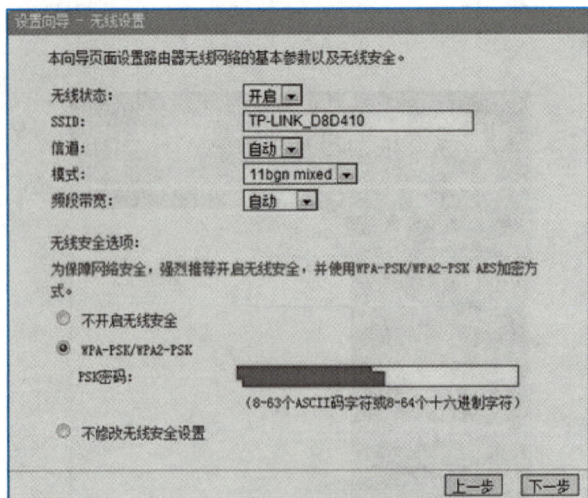

图 5-12　设置路由器名字、无线连接密码

（4）图 5-12 中所示的是无线设置，可以看到包括信道、模式、安全选项、SSID 等。SSID 是路由器的名字，即无线上网时需要连接的路由器的名字，可以随意填写；模式大多用 11bgn；无线安全选项一般选择 WPA-PSK/WPA2-PSK，这样安全，免得让他人轻易破解网络密码"蹭网"。单击"下一步"按钮，再单击"完成"按钮，路由器会自动重启，这时需耐心等待，启动成功后出现的界面如图 5-13 所示。打开浏览器就可以上网了，通过手机也可连接无线路由器上网。

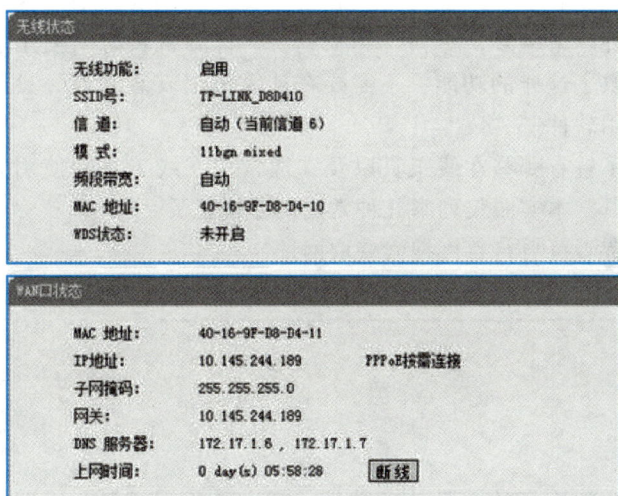

图 5-13　路由器运行状态

（5）如果需要设置路由器的其他信息，在浏览器地址栏中输入路由器背面标签上的 IP 地址，输入管理员账户和密码，登录系统进行修改。

（6）通过手机 App 管理路由器，需要安装路由器配套的 App 进行管理，具体请查看路由器的相关说明。

【实验思考】

如何通过手机 App 管理路由器？

实验 3　在线工具的使用

一、实验目的

1. 了解在线工具有哪些。
2. 掌握常用在线工具的使用。

延展实践 5-2：
百度网盘如何使用

二、实验原理

教材中 Internet 的有关知识。

三、实验任务

【任务描述】

现在要使用的软件越来越多，更新也越来越快。计算机长时间使用后，硬盘空间很容易被占满。在线工具提供了这样的功能：不需要在计算机上安装软件，只要计算机能联网，直接通过浏览器即可使用软件。

本实验的任务是了解有哪些在线工具以及掌握常用在线工具的使用方法。通过百度可以搜索到很多的在线工具。本实验仅列举几种常用的在线工具。

在线美图秀秀：读者可自行百度搜索获取网址。

【实验类型】

验证性实验。

【实验步骤】

美图秀秀是一款非常流行的图像处理软件，有电脑版、手机版、网页版几个版本，其网页版的网址读者可自行百度搜索获取，在浏览器中打开网页版美图秀秀后界面如图 5-14 所示。

图 5-14　网页版美图秀秀主界面

单击图 5-14 中的"拼图"，在打开的界面中上传图片，选择模板、边框，即可生成拼图，如图 5-15 所示，单击右上角的"保存与分享"可保存到本地硬盘。

图 5-15　拼图

【实验思考】

上网搜索常用的在线工具有哪些。

实验 4　360 安全卫士的使用

一、实验目的

1. 了解 360 安全卫士有哪些功能。
2. 掌握 360 安全卫士常用的功能。

二、实验原理

教材中网络安全的有关知识。

三、实验任务

【任务描述】

360 安全卫士是一款由奇虎 360 公司推出的一款使用广泛的安全杀毒软件。360 安全卫士拥有查杀木马、清理插件、修复漏洞、电脑体检、电脑救援、保护隐私、电脑专家、清理垃圾、清理痕迹多种功能。本实验的目的是学会使用 360 安全卫士的常用功能。

【实验类型】

验证性实验。

【实验步骤】

（1）下载安装 360 安全卫士，安装完成后，打开的 360 安全卫士界面如图 5-16 所示。常用的功能有"电脑体检""木马查杀""电脑清理""功能大全"和"软件管家"等。

图 5-16　360 安全卫士界面

（2）使用"电脑体检"功能，能够杀毒、修复系统漏洞。

（3）使用"木马查杀"能够查杀木马。

（4）使用"软件管家"能够删除、安装、升级软件。

（5）"功能大全"包括常用的一些功能，如图 5-17 所示，例如，"驱动大师"可以安装计算机的驱动程序；"文件恢复"可以将计算机、U 盘上误删或格式化后丢失的文件找回来；"C 盘搬家"可以把文档和一些程序移动其他盘，让 C 盘有更多的空间，提高计算机的运行速度。

图 5-17　功能大全

【实验思考】

查找 360 安全卫士还有哪些实用的功能。

第 6 章
数据库与大数据技术

实验 1　MySQL 安装

一、实验目的

1. 了解 MySQL 的工作环境。
2. 掌握 MySQL 服务器的安装方法。
3. 掌握 MySQL Administrator 的基本使用方法。

二、实验原理

教材中有关数据库的有关知识。

三、实验任务

1. 模拟训练

任务 1-1：安装 MySQL 数据库

【任务描述】

在 Windows 系统下安装 MySQL 5.7.37。

【实验类型】

验证性实验。

【实验步骤】

（1）下载 MySQL 5.7.37，具体步骤如下。

① 登录 MySQL 官网（网址可自行百度搜索获取），依次选择图 6-1 中矩形框中的内容，即可下载 mysql-5.7.37-winx64.zip。

② 单击 Download 按钮，得到如图 6-2 所示的页面，单击矩形框中的内容。

（2）下载完成后，将 zip 包解压到相应的目录，这里将解压后的文件夹放在 D:\ mysql-5.7.37 下。配置环境变量如图 6-3 所示，在系统变量 path 后面追加 D:\ mysql-5.7.37-winx64 \ bin。

（3）打开解压的文件夹，在该文件夹下创建 my.ini 配置文件，配置文件内容如图 6-4 所示。

（4）安装 MySQL 服务，以管理员身份登录 Windows 命令窗口，执行命令 mysqld-install。

（5）执行 MySQL 初始化命令 mysqld-initialize-insecure-user=mysql，在 MySQL 目录下生成 data 文件夹。

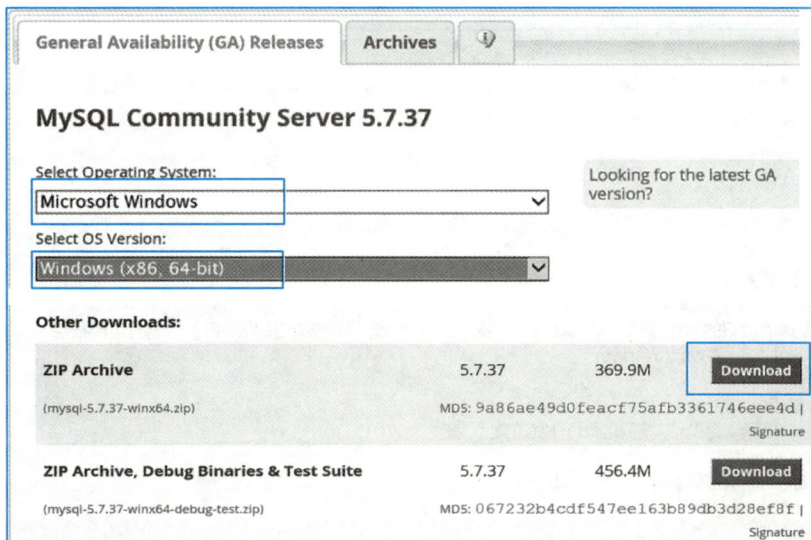

图 6-1　MySQL 下载页面 1

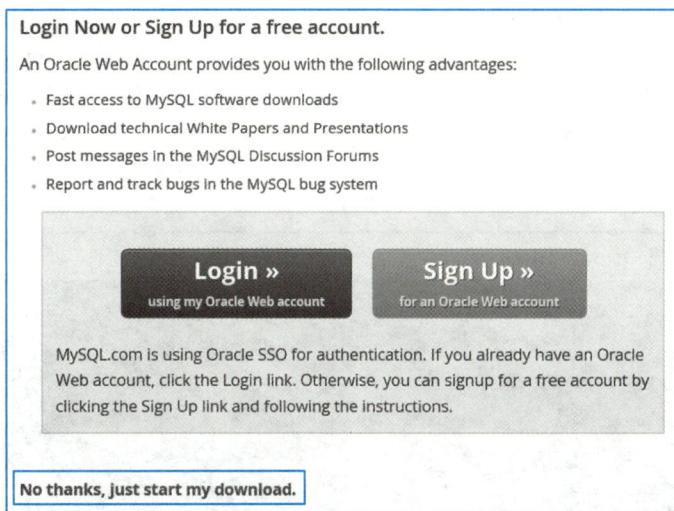

图 6-2　MySQL 下载页面 2

图 6-3　配置环境变量

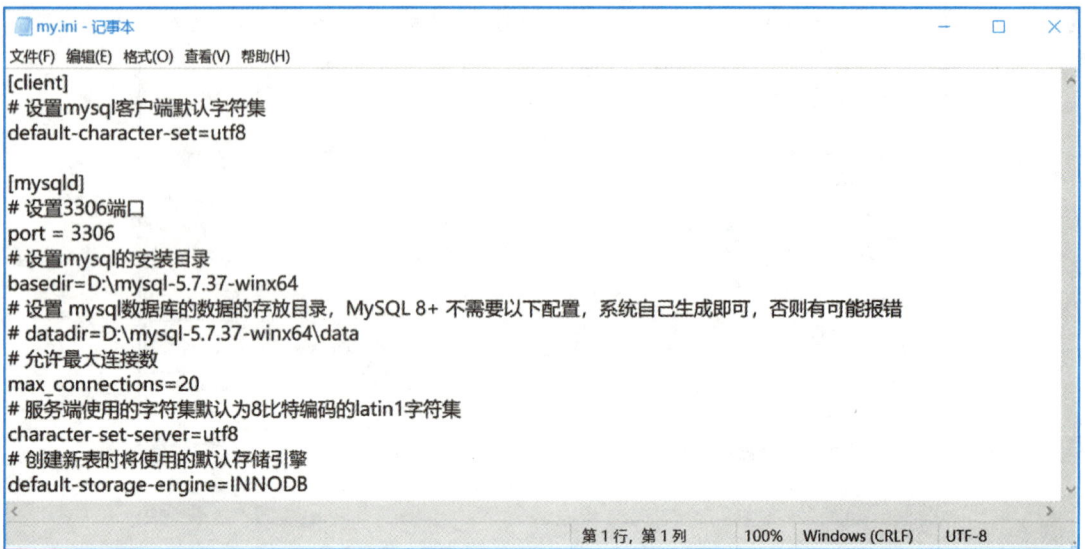

图 6-4 my.ini 配置文件

（6）启动 MySQL 服务，使用命令为 net start mysql，然后使用命令 mysqladmin -u root -p password 以 root 权限用户登录，出现 Enter password 直接按 Enter 键，出现 New password 时设置登录密码。

（7）登录 MySQL 数据库初始界面，如图 6-5 所示。

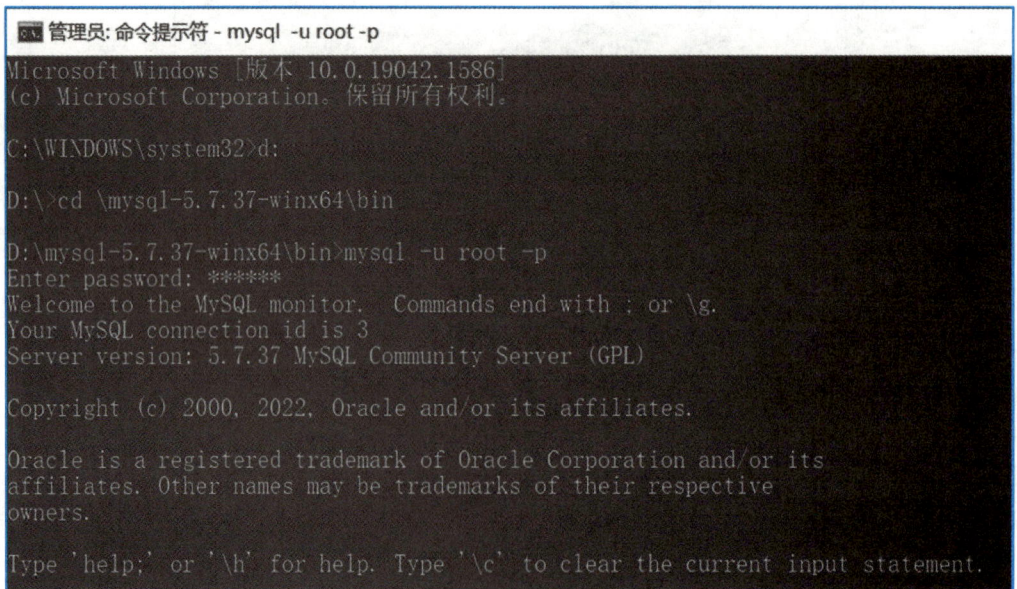

图 6-5 MySQL 数据库登录初始界面

（8）输入简单命令测试 MySQL 是否安装成功，如图 6-6 所示即为安装成功。

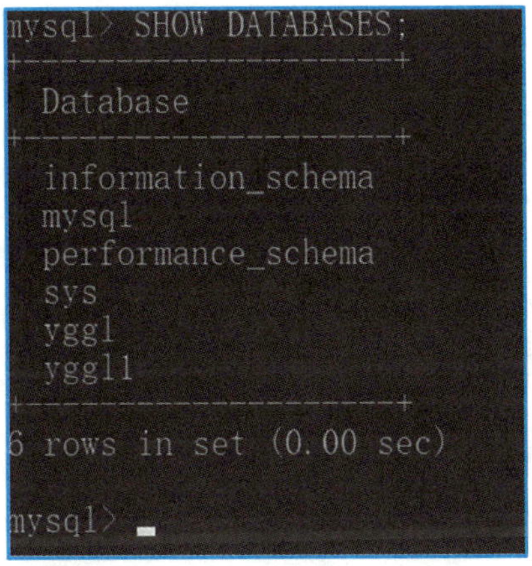

图 6-6　MySQL 测试界面

【实验思考】

安装 mysql-5.7.37.msi 与 mysql-5.7.37.zip 有什么不同？

2. 实践应用

任务 1-2：安装 Navicat

【任务描述】

了解 Navicat 软件的作用，并尝试安装。

【实验类型】

设计性实验。

【实验思考】

mysql-5.7.37.zip+Navicat 的实验环境功能还可以用什么样的软件实现？

四、实验报告要求

1. 实验报告项目要填写齐全。

2. 请读者结合自己的能力，任选以下一种实验任务方案完成实验：① 利用上课实验时间，只完成验证性实验任务；② 利用课余时间阅读、理解基本应用的验证性实验任务，在上课实验时间完成设计性实验任务；③ 利用上课实验时间完成验证性实验任务和设计性实验任务。

3. 实验思考部分，请读者根据自己的情况自行选择是否完成。

4. 实验报告中的实验内容必须先抄写题目，然后给出完成实验过程的主要界面，最后给出结果分析。

实验 2 SQL 语句使用

一、实验目的

1. 熟悉 SQL 语句的语法和功能。
2. 了解 SQL 语句在 MySQL 中的应用。
3. 掌握最基本的 MySQL 中 SQL 语句的使用。

二、实验原理

教材中有关结构化查询语句 SQL 的内容。

三、实验任务

1. 模拟训练

任务 2-1：MySQL 中实现 SQL 操作

【任务描述】

利用 MySQL 练习使用 SQL 语句创建学生选课 SCDB 数据库和学生表、课程表和选课表，并实现查询。

【实验类型】

验证性实验。

【实验步骤】

（1）创建名为 SCDB 的学生选课数据库，打开该数据库并查看其中的表，命令及执行结果如图 6-7 所示。

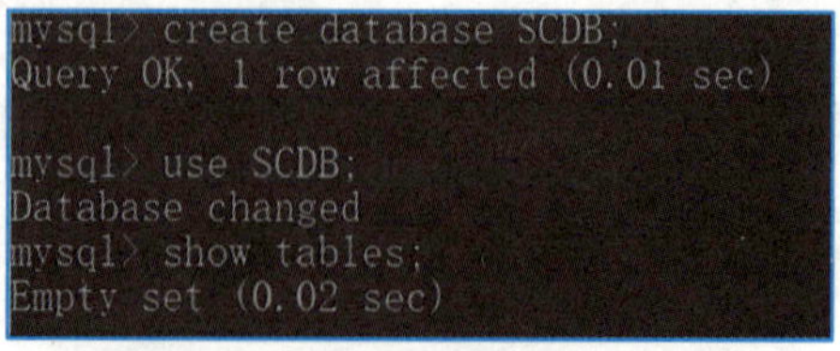

图 6-7 创建数据库命令窗口

（2）在数据库 SCDB 中添加学生表、课程表和选课表。表结构如表 6-1、表 6-2 和表 6-3 所示，创建学生表（Student）如图 6-8 所示，用类似命令创建课程表（Course）和选课表（Studc），如图 6-9 所示。

表 6-1　学生表结构

字段名	字段类型	字段大小	允许空字符串	是否主键
Sno	CHAR	6	否	是
Sname	CHAR	10	否	
Ssex	CHAR	2	否	
Sage	SMALLINT		否	
Sspec	CHAR	20	否	

表 6-2　课程表结构

字段名	字段类型	字段大小	允许空字符串	是否主键
Cno	CHAR	8	否	是
Cname	CHAR	25	否	
Ccredit	SMALLINT	1	否	

表 6-3　选课表结构

字段名	字段类型	字段大小	允许空字符串	是否主键
Sno	CHAR	6	否	是
Cno	CHAR	6	否	是
Grade	SMALLINT	1	否	

```
mysql> create table Student
    -> (
    -> Sno CHAR(6) PRIMARY KEY,
    -> Sname CHAR(10) UNIQUE,
    -> Ssex CHAR(2),
    -> Sage SMALLINT,
    -> Sspec CHAR(20)
    -> );
Query OK, 0 rows affected (0.06 sec)
```

图 6-8　创建 Student 表

```
mysql> create table Studc
    -> (
    -> Sno CHAR(6),
    -> Cno CHAR(8),
    -> Grade SMALLINT CHECK(Grade BETWEEN 0 AND 100),
    -> PRIMARY KEY(Sno,Cno)
    -> );
Query OK, 0 rows affected (0.05 sec)

mysql> show tables;

Tables_in_scdb

cource
studc
student

3 rows in set (0.00 sec)
```

图 6-9　创建 Studc 表并查看数据库 SCDB 中所有表

（3）修改表结构，如图 6-10 所示，向学生表 Student 中增加新属性"是否团员"，数据类型为字符型，长度为 2。

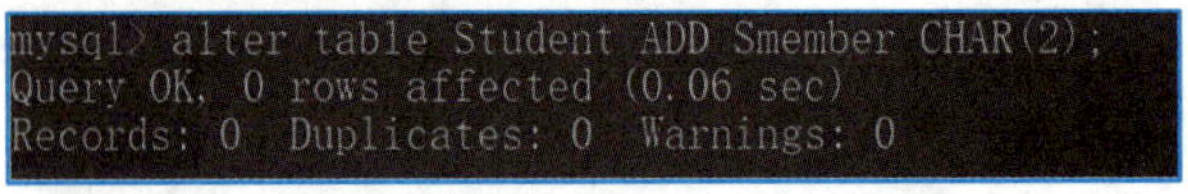

```
mysql> alter table Student ADD Smember CHAR(2);
Query OK, 0 rows affected (0.06 sec)
Records: 0  Duplicates: 0  Warnings: 0
```

图 6-10　修改 Student 表结构

（4）为 SCDB 数据库中的 Student、Course 和 Studc 三个表建立索引。三条命令如下，其中第一条命令及执行结果如图 6-11 所示。

CREATE UNIQUE INDEX Stusno ON Student（Sno）；

CREATE UNIQUE INDEX Coucno ON Course（Cno）；

CREATE UNIQUE INDEX Studcno ON SC（Sno ASC，Cno DESC）；

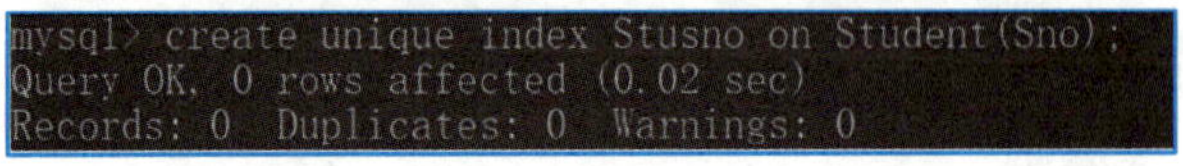

```
mysql> create unique index Stusno on Student(Sno);
Query OK, 0 rows affected (0.02 sec)
Records: 0  Duplicates: 0  Warnings: 0
```

图 6-11　为 Student 表建立索引

（5）向表中插入记录。依次向 Student、Course 和 Studc 表中插入相应记录，各表记录如表 6-4、表 6-5 和表 6-6 所示。向 Student 表中插入记录，命令执行结果如图 6-12 所示，使用相似的语法可以向 Course 和 Studc 表插入记录。

表 6-4　Student 表

Sno	Sname	Ssex	Sage	Sspec	Smember
100001	王学军	男	20	物理	是
100002	张嘉佳	女	19	外语	否
100003	李静	女	18	计算机	是
100004	关山	男	18	化学	否
100005	秦月	女	19	数学	是

表 6-5　Course 表

Cno	Cname	Ccredit
182101	计算机应用基础	3
310101	大学英语	3
310102	高等数学	6
310103	大学物理	6
312101	云计算技术	4

表 6-6　Studc 表

Sno	Cno	Grade
100001	182101	90
100001	310102	89
100002	182101	88
100003	310101	87
100003	310102	78

图 6-12　向 Student 表插入记录

（6）查看学生表 Student 中所有信息，命令及执行结果如图 6-13 所示。

图 6-13　查看 Student 表中信息

（7）修改 Student 表中记录信息。将姓名为"关山"的学生的年龄改为 17，命令及执行结果如图 6-14 所示。

图 6-14　修改 Student 表中记录信息

（8）查询成绩大于或等于 90 分学生的学号、课程号和成绩，命令及执行结果如图 6-15 所示。

图 6-15　查询结果 1

（9）查询选课表中每门课程的课程号及其选修人数，命令及执行结果如图 6-16 所示。

```
mysql> select Cno,count(Sno) as Number from Studc group by Cno;
+--------+--------+
| Cno    | Number |
+--------+--------+
| 182101 |      2 |
| 310101 |      1 |
| 310102 |      2 |
+--------+--------+
3 rows in set (0.01 sec)
```

图 6-16　查询结果 2

(10) 查询所有学生的学号、姓名、选修课程号、选修课程名、成绩，并且按照成绩降序排列，命令及执行结果如图 6-17 所示。

```
mysql> select Student.Sno,Sname,Studc.Cno,Course.Cname,Grade
    -> from Student,Studc,Course
    -> where Student.Sno=Studc.Sno and Studc.Cno=Course.Cno
    -> order by grade desc;
+--------+--------+--------+----------------+-------+
| Sno    | Sname  | Cno    | Cname          | Grade |
+--------+--------+--------+----------------+-------+
| 100001 | 王学军 | 182101 | 计算机应用基础 |    90 |
| 100001 | 王学军 | 310102 | 高等数学       |    89 |
| 100002 | 张嘉佳 | 182101 | 计算机应用基础 |    88 |
| 100003 | 李静   | 310101 | 大学英语       |    87 |
| 100003 | 李静   | 310102 | 高等数学       |    78 |
+--------+--------+--------+----------------+-------+
5 rows in set (0.01 sec)
```

图 6-17　查询结果 3

【实验思考】

请读者思考，MySQL 中 SQL 语句与其他平台中有何不同？

2. 实践应用

任务 2-2： 在 MySQL 中创建数据库

【任务描述】

设计一个自己感兴趣的包含 2~3 张表的简单数据库，并用 MySQL 实现。

【实验类型】

设计性实验。

【实验提示】

(1) 首先设计表结构和表内容。
(2) 用 MySQL 实现。

【实验思考】

请读者自行思考，可不可以通过其他方式达到同样的效果，哪种方法更简单，为什么？

四、实验报告要求

1. 实验报告项目要填写齐全。

2. 请读者结合自己的能力，任选以下一种实验任务方案完成实验：① 利用上课实验时间，只完成验证性实验任务；② 利用课余时间阅读、理解基本应用的验证性实验任务，在上课实验时间完成设计性实验任务；③ 利用上课实验时间完成验证性实验任务和设计性实验任务。

3. 实验思考部分，请读者根据自己的情况自行选择是否完成。

4. 实验报告中的实验内容必须先抄写题目，然后给出完成实验过程的主要界面，最后给出结果分析。

实验 3　大数据实验

一、实验目的

1. 了解大数据分析处理流程。
2. 理解大数据的加载、预处理、分析与可视化。
3. 体验大数据技术的应用。

二、实验原理

教材中有关大数据技术的相关知识。

三、实验任务

1. 模拟训练

任务 3-1： 台北房产数据集 2.xlsx 可视化分析

【问题描述】

利用 Python 编写程序，对台北房产数据集 2.xlsx 进行加载、预处理、分析与可视化。

【实验类型】

验证性实验。

【实验步骤】

本实验需要在 Python 开发环境下完成。

（1）加载数据，读取"台北房产数据集 2.xlsx"数据源，该数据源有两个 Sheet，分别为 2012 年和 2013 年的台北房产数据集。我们利用 Python 代码将其从 .xlsx 中加载到 Python 中进行处理。

首先，输入导入库函数代码，如图 6-18 所示。

```
#导入库函数
import pandas as pd
import numpy as np
import matplotlib.pyplot as plt
import matplotlib
%matplotlib inline
```

图 6-18 导入库函数代码

然后，将 2012 年数据读取到变量 data1，并查看 data1 中数据，代码如图 6-19 所示，结果如图 6-20 所示。

```
data1=pd.read_excel('台北房产数据集2.xlsx',sheet_name='2012')

data1
```

图 6-19 读取 2012 数据代码

	序号	X1 交易年月	X2 房龄	交易价	X3 最近公交站距离	X4 附近便利店家数	X5 纬度	X6 经度	Y 单位面积房价
0	1	2012.916667	32.0	NaN	84.87882	10	24.98298	121.54024	37.9
1	2	2012.916667	19.5	NaN	306.59470	9	24.98034	121.53951	42.2
2	3	2012.833333	5.0	NaN	390.56840	5	24.97937	121.54245	43.1
3	4	2012.666667	7.1	NaN	2175.03000	3	24.96305	121.51254	32.1
4	5	2012.666667	34.5	NaN	623.47310	7	24.97933	121.53642	40.3
...	...	...	...	...	...	...	...	...	...
121	122	2012.916667	12.7	NaN	170.12890	1	24.97371	121.52984	37.3
122	123	2012.833333	12.7	NaN	187.48230	1	24.97388	121.52981	28.5
123	124	2012.666667	30.9	NaN	161.94200	9	24.98353	121.53966	39.7
124	125	2012.666667	23.0	NaN	130.99450	6	24.95663	121.53765	37.2
125	126	2012.666667	5.6	NaN	90.45606	9	24.97433	121.54310	50.0

126 rows × 9 columns

图 6-20 data1 中的数据

同样，将 2013 年数据读取到变量 data2 中，代码和 data2 中数据如图 6-21 所示。

```
data2=pd.read_excel('台北房产数据集2.xlsx',sheet_name='2013')

data2
```

	序号	X1 交易年月	X2 房龄	交易价	X3 最近公交站距离	X4 附近便利店家数	X5 纬度	X6 经度	Y 单位面积房价
0	1	2013.583333	13.3	NaN	561.98450	5	24.98746	121.54391	47.3
1	2	2013.500000	13.3	NaN	561.98450	5	24.98746	121.54391	54.8
2	3	2013.416667	20.3	NaN	287.60250	6	24.98042	121.54228	46.7
3	4	2013.500000	31.7	NaN	5512.03800	1	24.95095	121.48458	18.8
4	5	2013.416667	17.9	NaN	1783.18000	3	24.96731	121.51486	22.1
...	...	...	...	...	...	...	...	...	...
283	284	2013.416667	18.5	NaN	2175.74400	3	24.96330	121.51243	28.1
284	285	2013.000000	13.7	NaN	4082.01500	0	24.94155	121.50381	15.4
285	286	2013.250000	18.8	NaN	390.96960	7	24.97923	121.53986	40.6
286	287	2013.000000	8.1	NaN	104.81010	5	24.96674	121.54067	52.5
287	288	2013.500000	6.5	NaN	90.45606	9	24.97433	121.54310	63.9

288 rows × 9 columns

图 6-21 加载 2013 年数据和结果

（2）对加载后的数据进行预处理，对 2012 年和 2013 年数据进行合并，删除无效数据。

按行连接 data1 和 data2，并将其放入变量 data，并且显示连接后的前 10 条记录，代码和运行结果如图 6-22 所示。

data=pd.concat([data1,data2],axis=0) #行连接数据									
data.head(10) #查看前10行									
	序号	X1 交易年月	X2 房龄	交易价	X3 最近公交站距离	X4 附近便利店家数	X5 纬度	X6 经度	Y 单位面积房价
0	1	2012.916667	32.0	NaN	84.87882	10	24.98298	121.54024	37.9
1	2	2012.916667	19.5	NaN	306.59470	9	24.98034	121.53951	42.2
2	3	2012.833333	5.0	NaN	390.56840	5	24.97937	121.54245	43.1
3	4	2012.666667	7.1	NaN	2175.03000	3	24.96305	121.51254	32.1
4	5	2012.666667	34.5	NaN	623.47310	7	24.97933	121.53642	40.3
5	6	2012.916667	13.0	NaN	492.23130	5	24.96515	121.53737	39.3
6	7	2012.666667	20.4	NaN	2469.64500	4	24.96108	121.51046	23.8
7	8	2012.750000	17.7	NaN	350.85150	1	24.97544	121.53119	37.4
8	9	2012.666667	1.5	NaN	23.38284	7	24.96772	121.54102	47.7
9	10	2012.916667	14.7	NaN	1360.13900	1	24.95204	121.54842	24.6

图 6-22　合并代码和数据结果

为了进行后续数据分析和处理，需要查看 data 的数据信息，找到无效数据，对其进行预处理。代码和运行结果如图 6-23 所示，可以看到交易价列都是空值，属于无效数据，需要对其进行清理。

删除空列代码后运行结果如图 6-24 所示。

```
data.info()  #查看合并表数据信息

<class 'pandas.core.frame.DataFrame'>
Int64Index: 414 entries, 0 to 287
Data columns (total 9 columns):
#   Column          Non-Null Count   Dtype
--- ------          --------------   -----
0   序号             414 non-null    int64
1   X1 交易年月        414 non-null    float64
2   X2 房龄          414 non-null    float64     ← 无效数据
3   交易价            0 non-null      float64
4   X3 最近公交站距离   414 non-null    float64
5   X4 附近便利店家数   414 non-null    int64
6   X5 纬度          414 non-null    float64
7   X6 经度          414 non-null    float64
8   Y 单位面积房价      414 non-null    float64
dtypes: float64(7), int64(2)
memory usage: 32.3 KB
```

图 6-23　查看 data 数据信息

```
data.dropna(axis=1,inplace=True)  #删除空列

data.info()

<class 'pandas.core.frame.DataFrame'>
Int64Index: 414 entries, 0 to 287
Data columns (total 8 columns):
#   Column          Non-Null Count   Dtype
--- ------          --------------   -----
0   序号             414 non-null    int64
1   X1 交易年月        414 non-null    float64
2   X2 房龄          414 non-null    float64
3   X3 最近公交站距离   414 non-null    float64
4   X4 附近便利店家数   414 non-null    int64
5   X5 纬度          414 non-null    float64
6   X6 经度          414 non-null    float64
7   Y 单位面积房价      414 non-null    float64
dtypes: float64(6), int64(2)
memory usage: 29.1 KB
```

图 6-24　删除空列后的 data 数据信息

（3）数据分析与可视化。对数据进行预处理之后，就可以对其进行分析，从中获取我们需要的有价值的信息。以下只举出几个简单分析示例，大家可以课后继续深入分析。

首先对 Y 单位面积房价进行分析，先进行如图 6-25 所示的 describe（）操作，可以看出房屋单位价格的分布情况。

```
#数据分析
#房屋单价分析
data['Y 单位面积房价'].describe()

count    414.000000
mean      37.974879
std       13.608397
min        7.600000
25%       27.700000
50%       38.450000
75%       46.600000
max      117.500000
Name: Y 单位面积房价, dtype: float64
```

图 6-25　describe 代码与运行结果

将其可视化，代码和运行结果如图 6-26 所示，从中可以看出房屋单价呈现偏态分布。

```
matplotlib.rcParams['axes.unicode_minus']=False
plt.rcParams['font.sans-serif'] = ['SimHei']
data['Y 单位面积房价'].plot(kind='hist',bins=20,color='lightblue')
plt.xlabel("单位面积房价")
plt.ylabel("频数")
```

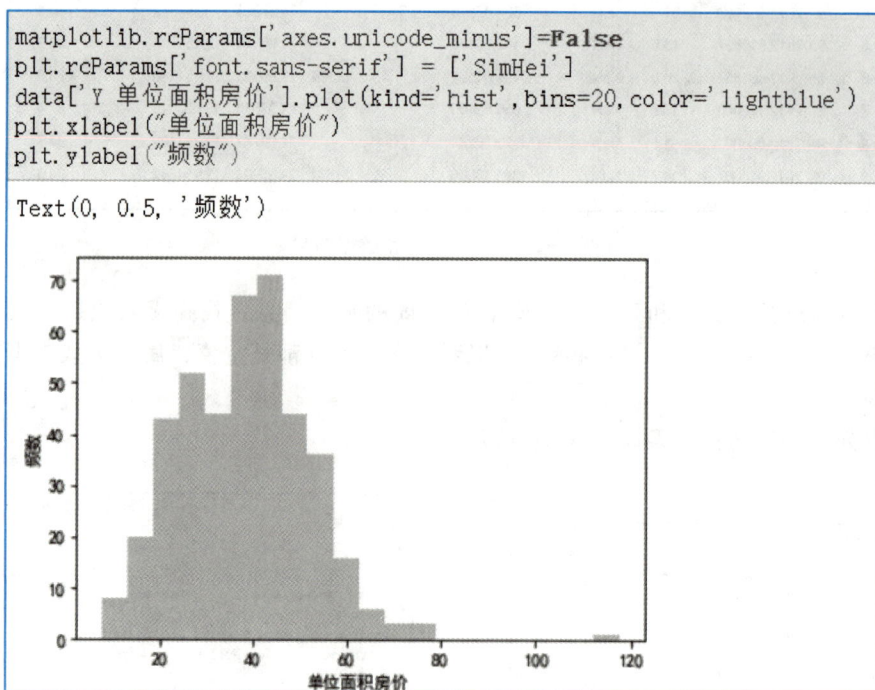

图 6-26　单位面积房价频数图

另外，对经度和纬度特征进行分析，代码和运行得到的散点图如图 6-27 所示，从中可以看出交易房屋的地理分布情况。

为了体现房价和位置的关系，在散点图中加入利用颜色描述的房价信息，代码和运行结果如图 6-28 所示。

最后，我们对各个特征相关性进行了分析，代码和运行结果如图 6-29 所示，从中可以看出 4 个特征之间的关系，房价与离地铁站距离的相关性最强，与房龄的相关性最弱。

以上大数据实验，从数据读取、数据预处理、数据分析与可视化的大数据分析流程对"台北房产数据集 2.xlsx"进行了分析验证，实验内容比较基础，读者可以在该数据集上继续进行更深入的分析与预测。

```
#地理数据可视化，样本中有经度和纬度，考虑创建散点图
data.plot(kind='scatter',x='X6 经度',y='X5 纬度',alpha=0.4,figsize=(12,6),fontsize=12)
```

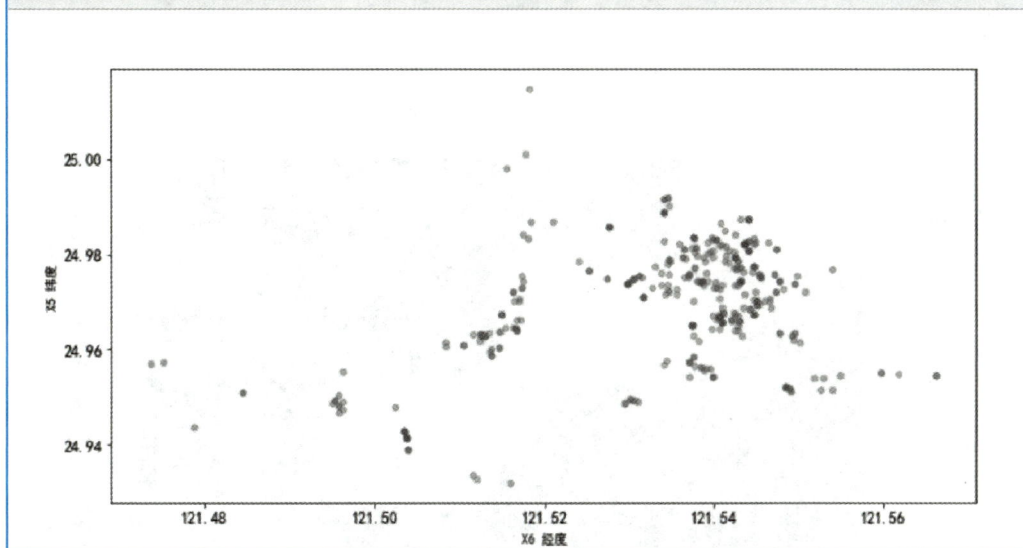

图 6-27　经度和纬度散点图

```
#加入房价信息,用颜色深浅来表示c，用预先定义的颜色图jet，范围从蓝色到红色，即从低价到高价。
#从图中可以看出房价和位置存在联系。
data.plot(kind='scatter',x='X6 经度',y='X5 纬度',alpha=0.5,
        c=data['Y 单位面积房价'],cmap=plt.get_cmap('jet'),colorbar=True,
        figsize=(12,6),fontsize=12)
plt.legend()
```

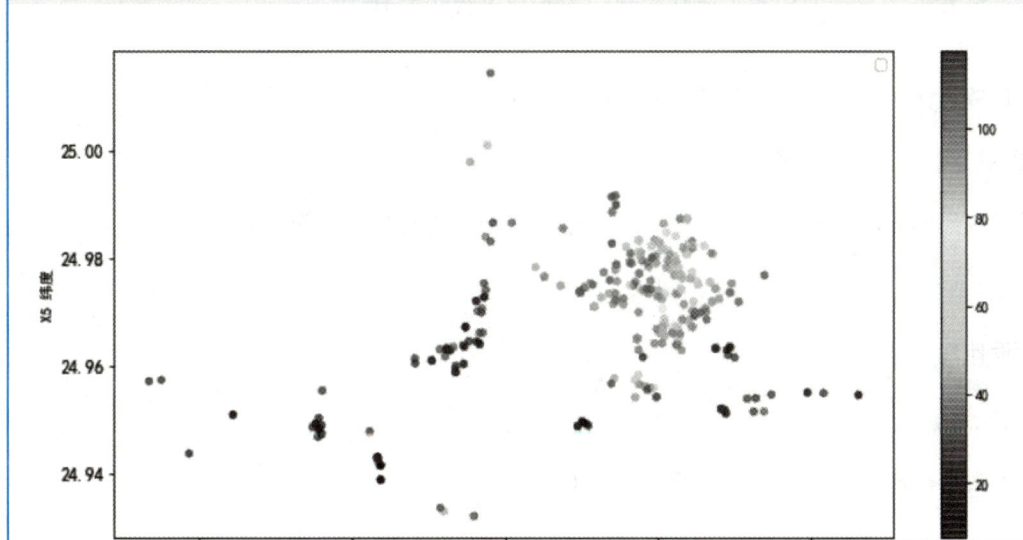

图 6-28　单位面积房价和位置关系图

```
#从原始数据中取出四列即四个特征进行相关性分析
data_group=data[['Y 单位面积房价','X2 房龄','X3 最近公交站距离','X4 附近便利店家数']]
import seaborn as sns
fig=plt.figure(figsize=(10,5),dpi=80)
sns.heatmap(data_group.corr(),annot = True,vmin = 0,vmax = 1)
```

```
<matplotlib.axes._subplots.AxesSubplot at 0x1aa02741f40>
```

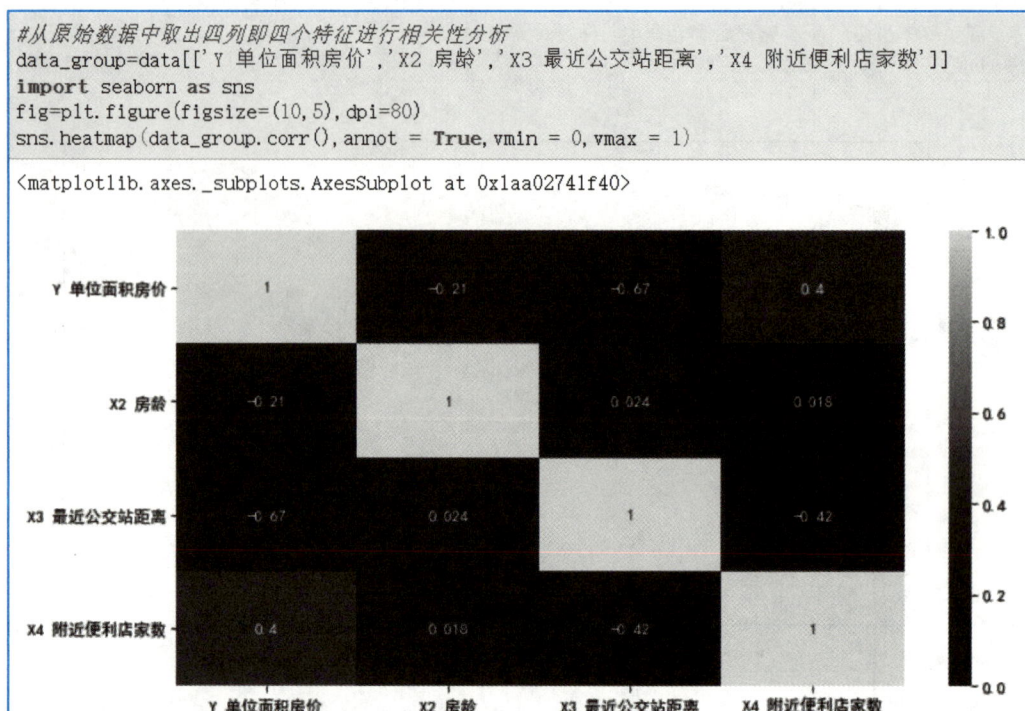

图 6-29　特征相关性热力图

【实验思考】

请读者思考一下，还有一些什么样的大数据可视化工具？

2. 实践应用

任务 3-2： 台北房产数据集 2.xlsx 回归分析

【问题描述】

了解回归预测，并尝试对台北房产数据集 2.xlsx 进行回归预测分析。

【实验类型】

设计性实验。

【实验思考】

大数据分析处理流程中最关键的问题有哪些？

四、实验报告要求

1. 实验报告项目要填写齐全。

2. 请读者结合自己的能力，任选以下一种实验任务方案完成实验：① 利用上课实验时间，只完成验证性实验任务；② 利用课余时间阅读、理解基本应用的验证性实验任务，在上课实验时间完成设计性实验任务；③ 利用上课实验时间完成验证性实验任务和设计性实验任务。

3. 实验思考部分，请读者根据自己的情况自行选择是否完成。

4. 实验报告中的实验内容必须先抄写题目，然后给出完成实验过程的主要界面，最后给出结果分析。

第7章

计算机新技术综合实验

实验 1 植物自动识别

一、实验目的

1. 了解人工智能的部分典型应用。
2. 了解图像识别的基本思路和方法。
3. 体验使用"形色"App 对植物进行识别。

二、实验原理

图像识别是人工智能的一个重要研究领域,其产生的目的是能让计算机代替人类去识别和处理大量的物理信息。图像识别技术是以图像的主要特征为基础的。每个图像都有它的特征,如字母 A 有个尖,P 有个圈,而 Y 的中心有个锐角等。简单说,图像识别的技术原理就是通过图片特征的提取,而后在已有的数据集中进行搜索匹配,最终输出匹配的结果。人们日常生活中常见的人脸识别系统、车牌自动识别系统,都属于图像识别的典型应用。这些应用的共同特点都是使用计算机代替了人类去识别个人信息、车牌信息等,然后自动地进行处理、分析和理解,大大节省了人类的工作量。

"形色"是一款拍照识花 App,依托于人工智能下的图像识别和深度学习技术,可快速地对植物花草的特征进行分析,并以较高的准确率输出花草所属的类别。对于植物爱好者,"形色"可以帮助他们在遇到不认识的植物类别时快速识别其种类所属;对于园林花艺从业者,"形色"可以帮助他们提高工作效率;对于家长、教师、摄影爱好者、小朋友等,"形色"也可以帮助他们快速认识花草、答疑解惑、学习植物知识等。

三、实验任务

【任务描述】

本实验通过安装"形色"App,并利用其识别某种植物,得出答案,让大家感受人工智能对人类日常生活带来的影响。

【实验类型】

验证性实验。

【实验步骤】

1. 安装"形色"App

在手机上的应用商店、应用市场等,或通过"形色"App 官网(网址可搜索获得),下载并按照提示安装"形色"App,安装后打开的界面如图 7-1 所示。

图 7-1　"形色" App 界面

2. 拍照识别植物

单击"相机"图标（见图 7-1 中矩形框标注），将手机摄像头对准要识别的植物，如图 7-2 所示，单击"拍照"按钮（见图 7-2 中矩形框标注），App 自动根据所拍照片，识别出植物名称并显示出来，如图 7-3 所示。

3. 查看植物详细信息

单击界面上的"点击查看详情"，即可打开植物详细信息界面，如图 7-4 所示，可以看到其中包括植物名称、植物图片、相关诗词、植物简介等详细信息。

图 7-2　准备拍照　　　　图 7-3　识别植物　　　　图 7-4　植物详细信息

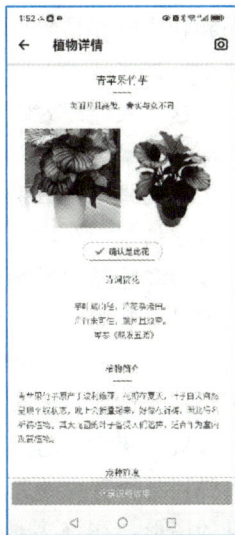

【实验思考】

请读者查阅相关资料，列举几个人工智能在人们日常生活中的应用，说明在这些应用中，人工智能发挥的作用和带来的好处。

四、实验报告要求

1. 实验报告项目要填写齐全。

2. 请读者结合自己的能力，任选以下一种实验任务方案完成实验：① 利用上课实验时间，完成验证性实验任务；② 利用课余时间阅读、理解基本应用的验证性实验任务。

3. 实验思考部分，请读者根据自己的情况自行选择是否完成。

4. 实验报告中的实验内容必须先抄写题目，然后给出完成实验过程的主要界面，最后给出结果分析。

实验 2　二维码生成及验证

一、实验目的

1. 熟悉物联网的概念。
2. 了解二维码在物联网中的角色和作用。
3. 体验在 Python 环境下二维码图片的生成。

二、实验原理

二维码和物联网都是数字化技术的重要应用。在物联网中，各种具体应用的完成和实现涉及很多技术，这些技术大致可以分为感知与识别技术、通信与组网技术、信息处理与服务技术三大类，这三大类即为物联网的关键技术。二维码作为物联网的一种重要载体，属于物联网感知与识别技术的一种，它们之间存在密切的联系。

首先，二维码是一种数字化的信息编码方式，可以将复杂的信息转化为简单的图形，方便用户快速获取信息。在物联网中，设备和物品都可以被赋予唯一的二维码，通过扫描二维码可以获取设备和物品的详细信息和状态，实现设备和物品的追踪和管理。其次，二维码可以作为物联网设备和用户之间的桥梁，通过扫描二维码，用户可以快速地连接到物联网设备并进行控制和操作。比如，通过扫描智能家居设备上的二维码，用户可以连接到设备的控制中心，实现对家居设备的远程控制。总之，二维码和物联网的关系紧密相连，相辅相成，两者共同推动着数字化时代的进步和发展。

二维码是用某种特定的几何图形按一定规律在二维平面上分布的、黑白相间的、记录数据符号信息的图形。在许多种类的二维码中，常用的码制有 Data Matrix、Maxi Code、Aztec、QR Code、Vericode、PDF417、Ultracode、Code 49、Code 16K 等。

矩阵式二维码，最流行的莫过于 QR Code，也就是我们常说的二维码。矩阵式二维码（又称棋盘式二维条码）是在一个矩形空间通过黑、白像素在矩阵中的不同分布进行编码。在矩阵相应元素位置上，用点（方点、圆点或其他形状）的出现表示二进制"1"，点的不出现表示二进制的"0"，点的排列组合确定了矩阵式二维码所代表的意义。矩阵式二维码是建立在计算机图像处理技术、组合编码原理等基础上的一种新型图形符号自动识读处理码制。

二维码一共有 40 个尺寸，通常称为版本（Version）。Version 1 是 21×21（像素）的矩阵，Version 2 是 25×25 的矩阵，Version 3 是 29×29 的矩阵，每提升一个版本，长、宽就会各增加 4 个像素，边长公式是（v−1）×4+21（v 是版本号），最高的 Version 40，边长是（40−1）×4+21=177，所以最高是 177×177（像素）的正方形。图 7-5 是二维码的样例。

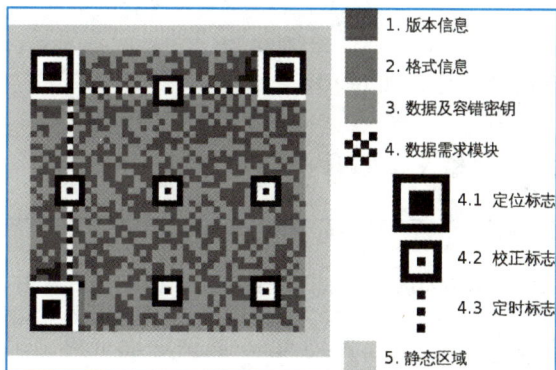

图 7-5　二维码的样例

三、实验任务

【任务描述】

在 Python 环境下运行、验证简单的二维码生成程序，了解二维码的生成过程。Python 环境的安装和使用可参见本书附录。

【实验类型】

验证性实验。

【实验步骤】

1. 安装程序运行所需的库

按 Win+R 键，打开"运行"对话框，在"打开"文本框中输入 cmd，按 Enter 键，进入命令行模式。

在命令行下，输入 pip install pystrich，按 Enter 键，即开始自动安装 pystrich 库；安装完成后，输入 pip install−U matplotlib，按 Enter 键，即开始自动安装 matplotlib 库。前者用于生成 QR 二维码，后者用于显示生成的二维码。

2. 输入源代码

在任意 Python 的开发环境下（此处以 IDLE 为例）新建文件，输入以下代码：

```
from pystrich.qrcode import QRCodeEncoder        #用于生成 QR 二维码
import matplotlib.pyplot as plt                  #用于显示生成的二维码


code = input("输入二维码内容:")
encoder = QRCodeEncoder(code)                     #调用库生成二维码
encoder.save("QR.png",cellsize=10)               #保存二维码至文件
image = plt.imread('QR.png')
plt.axis('off')
plt.imshow(image)
```

保存代码文件，可自定义名称，如 testQR. py。

3. 验证程序

运行程序，会出现提示："输入二维码内容:"，如图 7-6 所示。

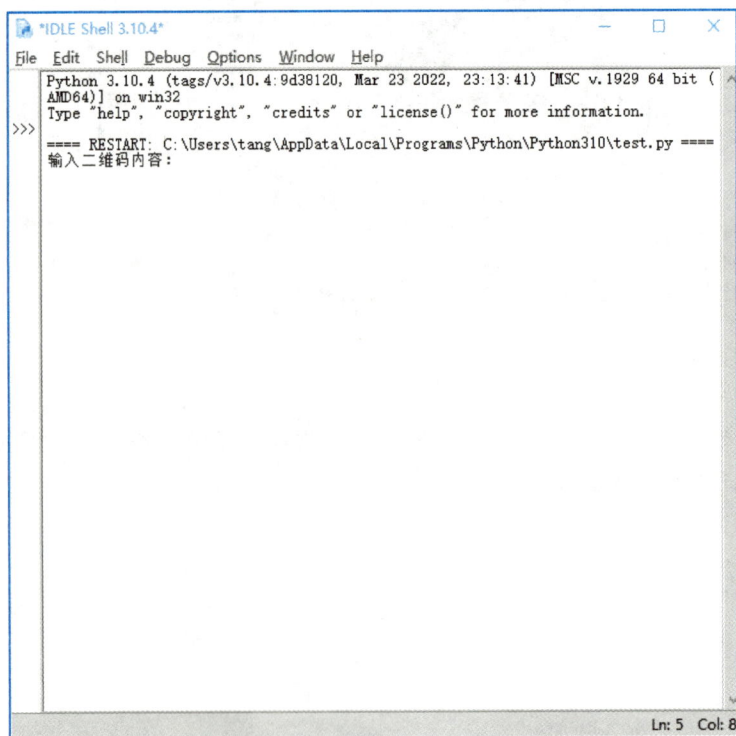

图 7-6 程序运行界面

输入任意一串英文字符，如 Ilike programming，按 Enter 键。

在源文件所在目录会看到生成了一个二维码图片文件 QR. png，打开该图片，如图 7-7 所示。用微信扫描该二维码图片，得到结果如图 7-8 所示，可以看到已正确识别二维码中的内容。

图 7-7　生成的二维码图片

图 7-8　微信扫描结果

【实验思考】

　　如果运行程序时输入的是中文信息，则会发现识别出的信息是乱码，这是由于生成二维码的时候没有对中文进行编码。请查阅相关资料，更改程序，使之在输入中文信息时也能正确运行。

实验 3　云办公软件

一、实验目的

1. 掌握金山文档、百度网盘的使用方法。
2. 通过金山文档了解云计算、云存储产品的应用。

二、实验原理

金山文档、百度网盘的相关功能。

三、实验任务

任务 3-1：云文档使用

【任务描述】

小张同学是某大学大一 2201 班的班长，他需要收集全班同学的家长信息并整理为一个 Excel 文件。小张同学有一台笔记本电脑，其他同学都有手机并且都已加入班级微信群，由于新生宿舍地域分布较广，时间紧张等原因，请帮助小张同学使用云文档收集全班同学的家长信息并导出为 Excel 文件。

【实验类型】

设计性实验。

【实验步骤】

1. 注册金山文档账号

（1）打开浏览器，在地址栏中输入金山文档网址（可自行搜索获取网址），按 Enter 键进入金山文档网页端，如图 7-9 所示。

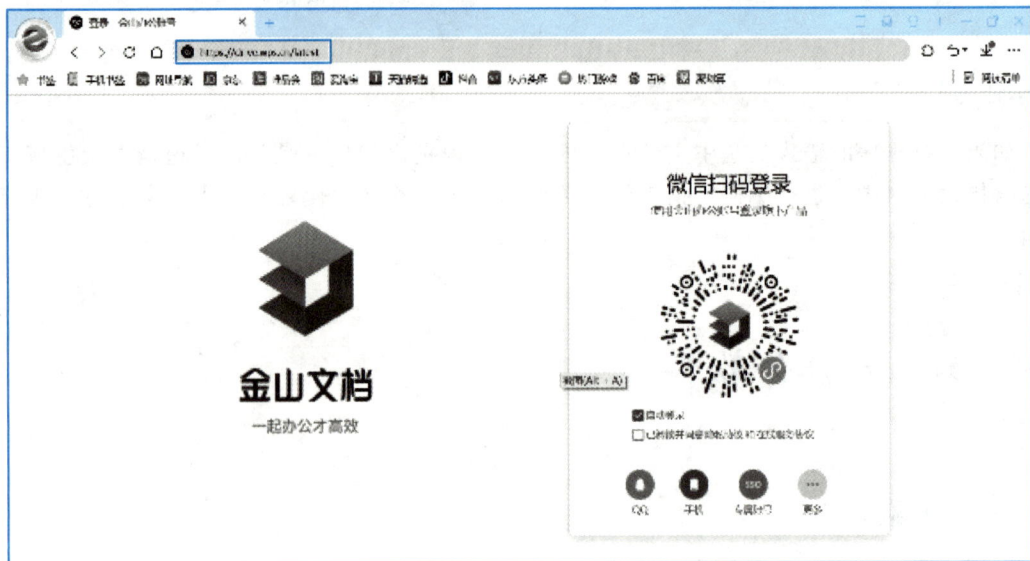

图 7-9　金山办公登录界面

（2）用微信扫一扫功能扫描图 7-9 金山办公登录界面右边的二维码，微信会出现如图 7-10 所示的金山文档微信登录确认界面，选中"已阅读并同意…"复选框，单击"确认"按钮，下一步跳转到如图 7-11 所示的金山文档使用权限询问界面，单击"允许使用"按钮，这时电脑端已登录并出现如图 7-12 所示的绑定手机号界面，可以选择"暂不绑定"进入如图 7-13 所示的金山文档办公界面。

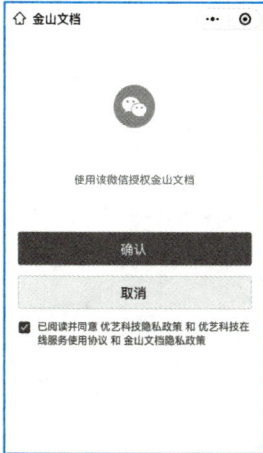

图 7-10　金山文档微信登录确认界面　　图 7-11　金山文档使用权限询问界面

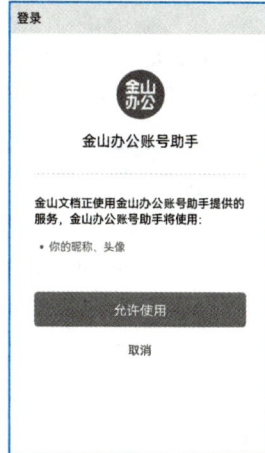

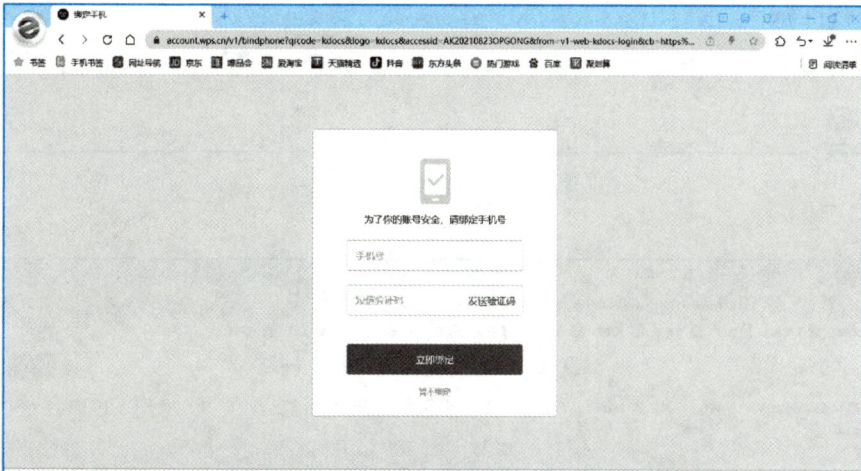

图 7-12　绑定手机号界面

图 7-13　金山文档办公界面

2. 创建文档

（1）单击图 7-13 左上角的"新建"按钮，在弹出的如图 7-14 所示的新建文件类型列表中选择"表格"，进入如图 7-15 所示的表格编辑页面。

图 7-14　新建文件类型列表

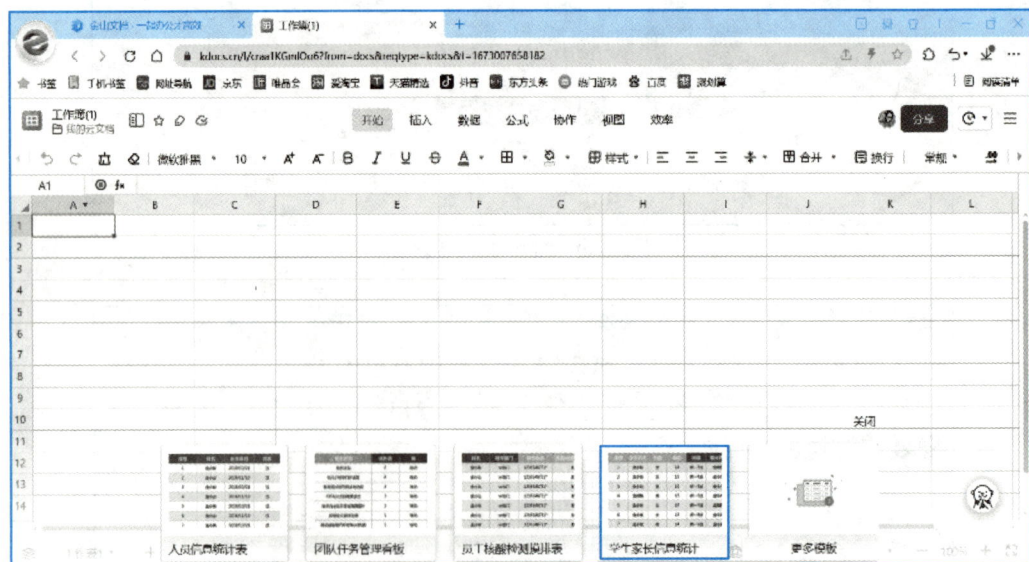

图 7-15　表格编辑页面

（2）选择表格编辑页面下方提供的"学生家长信息统计"模板，在弹出的窗口中选择"使用该模板"，编辑页面变成如图 7-16 所示。在当前页面中编辑，将 A 列列标题"序号"改为"学号"，E 列"班级"列删除，留下列标题，清除其余数据。

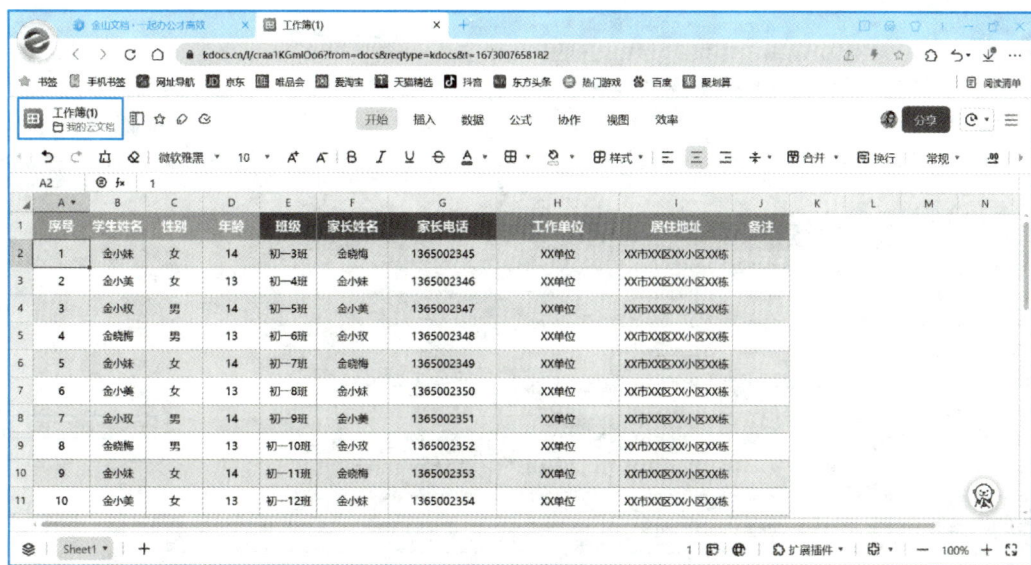

图 7-16　套用"学生家长信息统计"模板效果

（3）在页面左上角"工作簿（1）"位置（如图 7-16 所示）单击，将共享表格改名为"2201 班学生家长信息登记表"。

3. 分享文档

单击右上角的"分享"按钮，在弹出的对话框中单击"开启分享"按钮，转到如图 7-17 所示的设置分享权限对话框。在该对话框中选择"所有人可编辑"权限，然后单击"复制链接"按钮。将链接粘贴至班级微信群，其他同学只需在微信群单击打开链接，就可以在线实时同步协作编辑表格了。

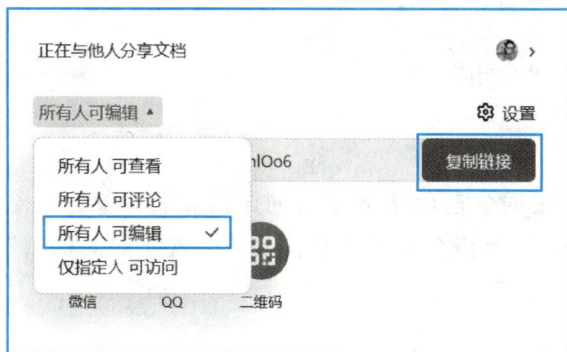

图 7-17　设置分享权限对话框

4. 导出文档

同学们都填完以后，单击右上角的"文档操作"按钮，弹出文档操作列表，如图 7-18 所示，将鼠标移至"导出为"命令弹出二级列表，选择"导出为 Excel（.xlsx）"命令，可将表格文件"2201 班家长信息登记表"导出至指定文件夹，如图 7-19 所示。

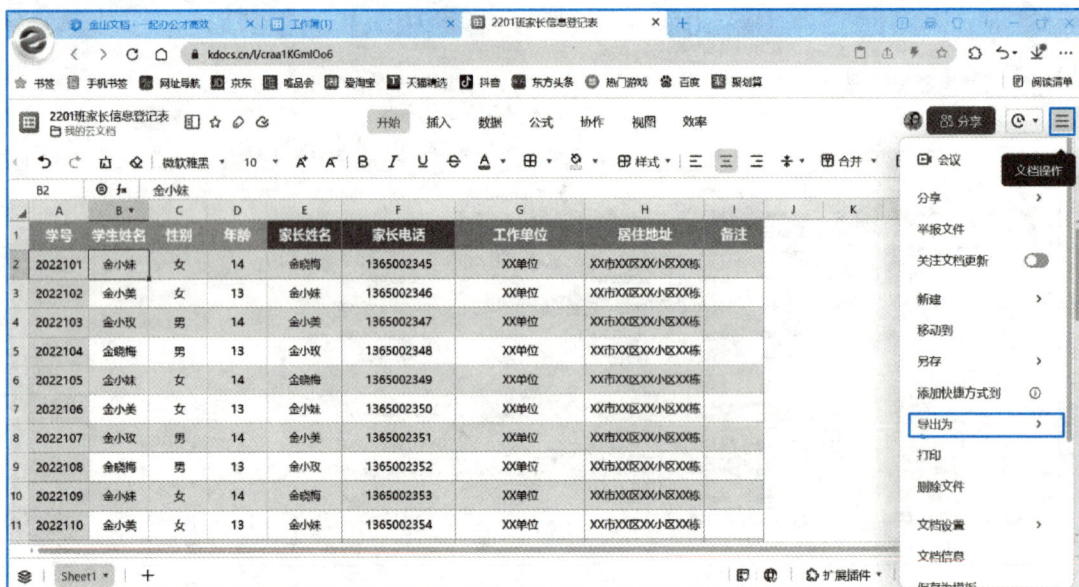

图 7-18　文档操作界面

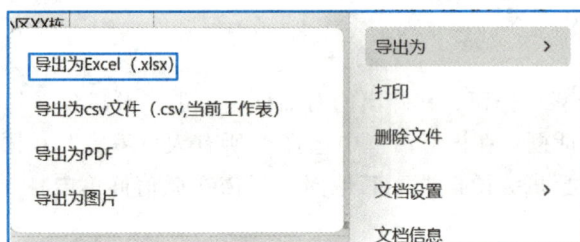

图 7-19　选择"导出为 Excel（.xlsx）"命令

任务 3-2：百度网盘的使用

【任务描述】

任务 3-1 中班长小张同学已收集齐全班同学的家长信息，请帮助小张同学将导出的"2201 班家长信息登记表"上传至百度网盘，供其他需要的人员浏览、下载并留存待后续使用。

【实验类型】

验证性实验。

【实验步骤】

1. 注册百度网盘账号

打开浏览器，在地址栏中输入百度网盘网址（网址可自行搜索获取），按 Enter 键进入百度网盘网页端，如图 7-20 所示。单击"去登录"按钮弹出如图 7-21 所示的注册/登录对话框。如果有百度账号，直接登录就可以进入网盘，如果没有，那就单击右下角的"立即注册"按钮进行注册即可。

图 7-20　百度网盘首页

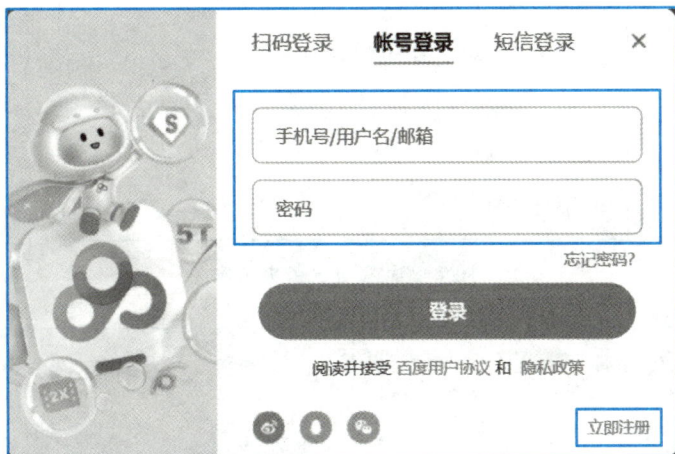

图 7-21　注册/登录对话框

2. 上传文件

（1）登录百度网盘后界面如图 7-22 所示，单击"新建文件夹"命令，将文件夹命名为"2201 班班级资料"，如图 7-23 所示。

（2）双击打开"2201 班班级资料"文件夹，单击如图 7-24 所示的"上传文件"，在弹出的对话框中按路径找到"2201 班家长信息登记表 . xlsx"上传即可。

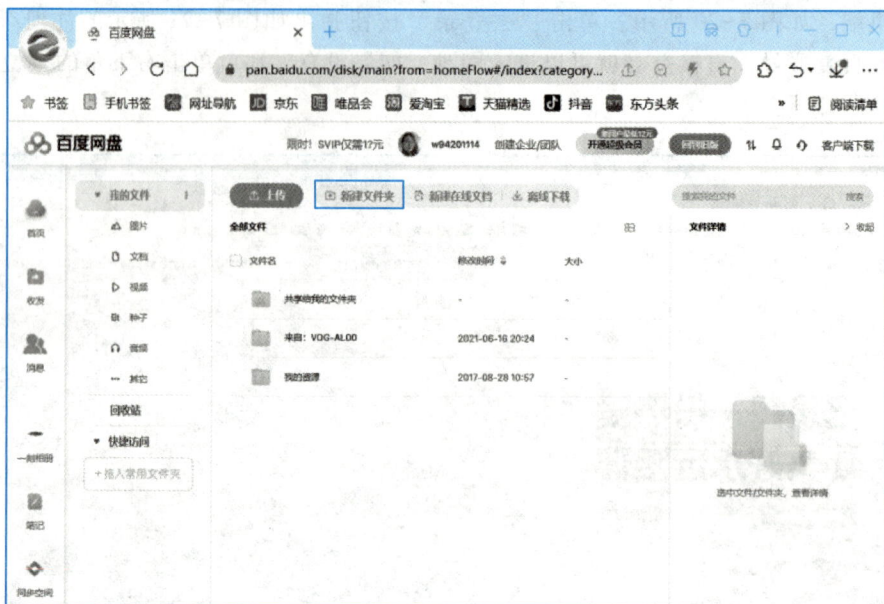

图 7-22　登录百度网盘后界面

图 7-23　新建文件夹示例

图 7-24　上传文件界面

四、思考练习

1. 尝试在手机端操作金山云文档。
2. 尝试在手机端操作百度网盘。

五、报告要求

1. 实验报告项目要填写齐全。
2. 请读者结合自己的能力，选择完成思考练习部分。
3. 实验报告中的实验内容必须先抄写题目，然后给出完成实验过程的主要界面，最后给出结果分析。

实验 4　区块链浏览器的使用

一、实验目的

1. 认识区块链浏览器。
2. 了解区块链浏览器的基本功能。
3. 掌握使用区块链浏览器进行查询操作的方法。

二、实验原理

区块链浏览器是供用户浏览与查询区块链相关信息的工具，它与百度、谷歌等搜索引擎的功能相似，但又有所区别。相同之处是它们都可以用来搜索用户所需要的相关信息，不同之处是百度、谷歌等搜索引擎的搜索范围是整个互联网，而区块链浏览器只针对区块链上的数据，而非整个互联网。区块链浏览器是一个建立在去中心化的网络中的网站，通过这个网站，可以查询区块链中某个区块的详细信息、交易记录、当前链的高度，还可以通过钱包地址或者交易 ID 来查询余额或者交易的详细信息。

一般来说，每个区块链都有自己的区块链浏览器，用户很难实现跨链查询，如比特币区块链的浏览器只能查询比特币区块，以太坊区块链的浏览器只能查询以太坊区块。目前，随着区块链浏览器功能的改进和完善，已经有部分区块链浏览器可以实现跨链查询。

目前，主流的区块链浏览器有 Blockstream、Blockchain、BTC、Blockcypher、Etherchain 等，其对应的网址读者可通过搜索引擎搜索获得。

三、实验任务

【任务描述】

通过区块链浏览器查看区块链的链状态、区块的状态、交易的状态以及账户的状态。

【实验类型】

验证性实验。

【实验步骤】

（1）打开区块链浏览器，如图 7-25 所示（实验中以 Blockstream 区块链浏览器为例进行介绍）。

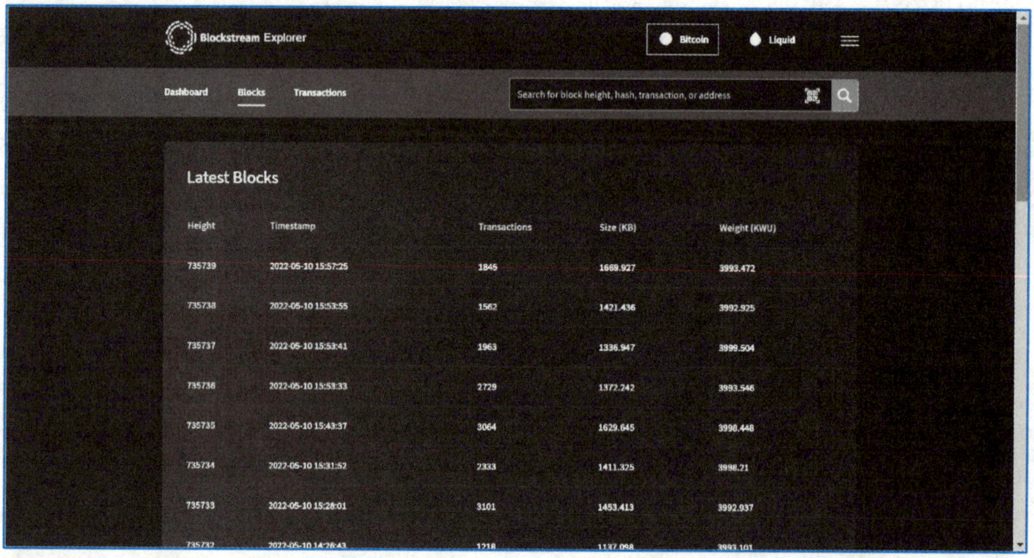

图 7-25 区块链浏览器 blockstream 的打开界面

（2）查看某一个区块的相关信息。

单击区块链浏览器中某一区块号（如 735739，因为区块链中的区块一直在动态产生，所以实际操作中可以直接查看最近生成的区块信息），打开这一区块的信息页面，如图 7-26 所示，查看区块 735732 的块高度、状态、时间戳、大小、版本、块上的交易记录等相关信息。

① Height：指区块高度，表示该区块在区块链中与创世区块之间的块数，相当于该区块在区块链中的位置。区块链上创世区块的高度为 0，之后区块链上生成的每一个区块的高度都在前一区块高度的基础上加 1。如某一区块的高度为 3872，表示这个区块前面有 3872 个区块，它是区块链上的第 3873 个区块。

② TimeStamp：为时间戳，详见教材 10.2.1 中的介绍。

③ Transactions：是指一次区块链信息的传递，如转账，实际上是交易信息的告知。

④ Size：区块链中的区块记录着某一个时间段内的交易数据，类似于一个账本，因此区块大小（Size）是指区块中记录的数据量的多少。如比特币在创立之初，区块的大小只有 1MB。

⑤ Weight：是区块重量（目前并没有官方的翻译，暂且这样称呼），是指区块中所有交易的权重之和。

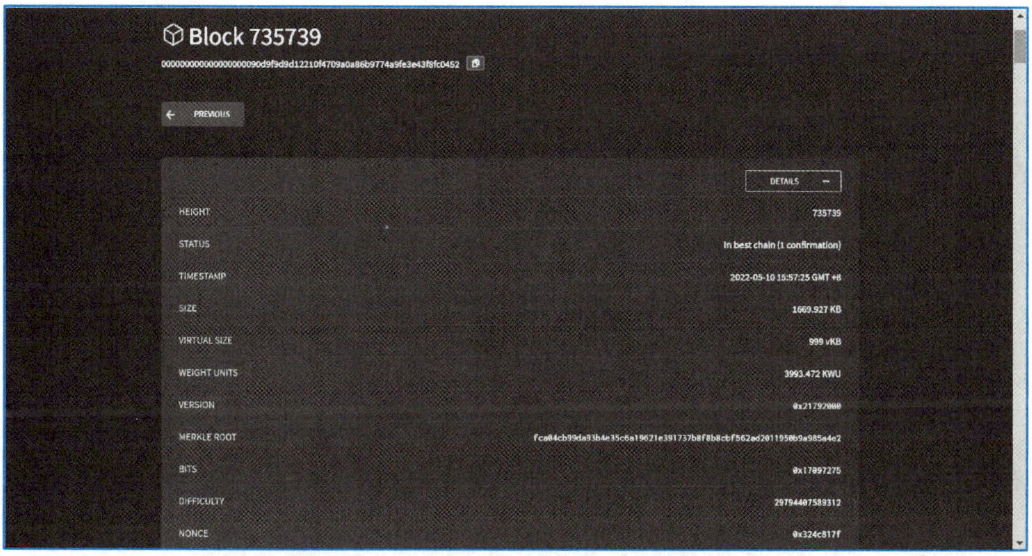

图 7-26　区块 735739 的相关信息

（3）查看区块链上的交易状态，区块 735739 上的交易记录如图 7-27 所示。

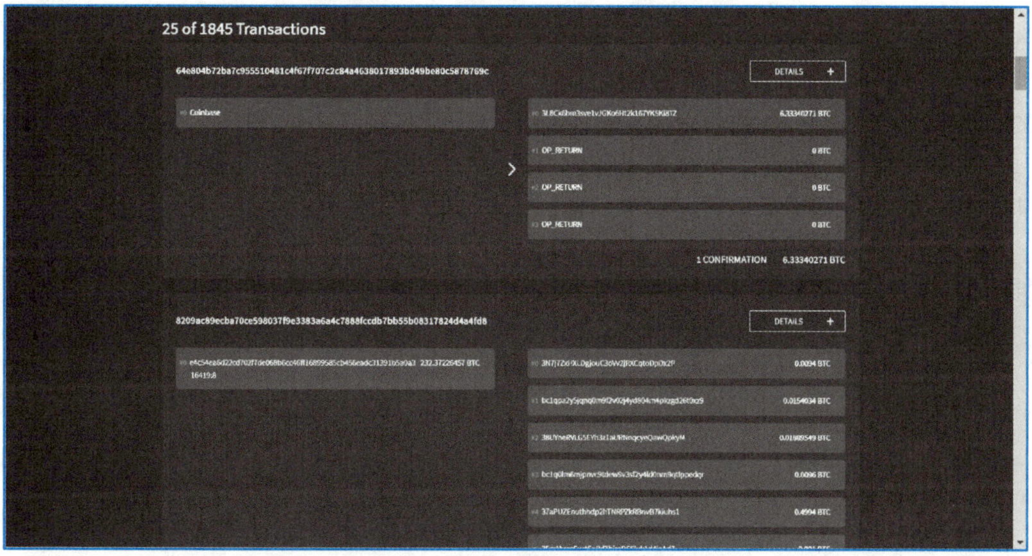

图 7-27　区块 735739 上的交易记录

每个交易的具体信息以交易地址作为唯一标识，如图 7-28 所示。如区块 735739 上记录的最新交易的交易地址为：64e804b72ba7c955510481c4f67f707c2c84a4638017893bd49be80c5878769c，用户可以通过该地址在区块链浏览器中搜索该交易的详细信息，如交易的状态、所在的区块信息（如区块的地址、高度、时间戳等）、交易的费用、交易的大小、节点版本号、锁定时间（指该交易最早可入区块的时间）等。

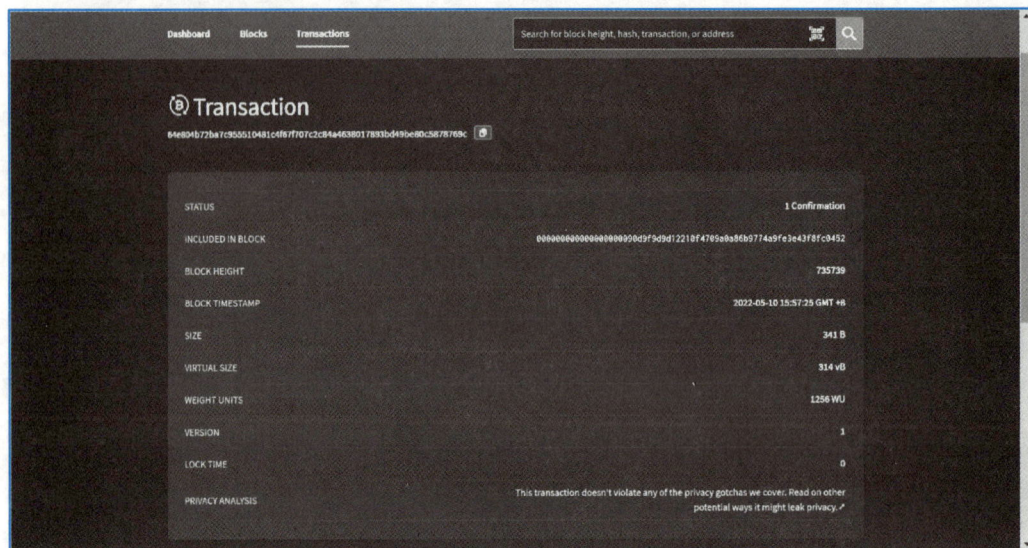

图 7-28　交易的具体信息

【实验思考】

请思考：

① 在区块链浏览器中查询区块高度为 735736、交易地址为 00000000000000000000082a2172 ddaf38886dfd4ff208915f2a2c8d0c80d4b9ec 的区块的详细信息，应该怎样查询？

② 在区块链浏览器中查询交易地址为 562f8af0b6f58c57739f96eef7a075b6ed22bf312a313e 792438f0becc7a78e4 的交易的详细信息，应该怎样查询？

附录

Python 开发环境的安装与使用

Python 是一种简单易学、优雅且功能强大的编程语言，它吸收了其他程序设计语言的优点，并且具有远超其他程序设计语言的多领域生态圈，受到了广大学习者和开发人员的关注。本部分简要介绍 Python 语言的解释器，如何运行 Python 程序，以及 Python 库的安装方法，目的是使读者对 Python 有一个最基本的了解，并能够自主运行书中实验的案例程序，进行验证性的实验。

1. 安装 Python 解释器

Python 语言解释器是一个轻量级的小软件，可以在 Python 官网下载，其下载页面如图 1 所示。

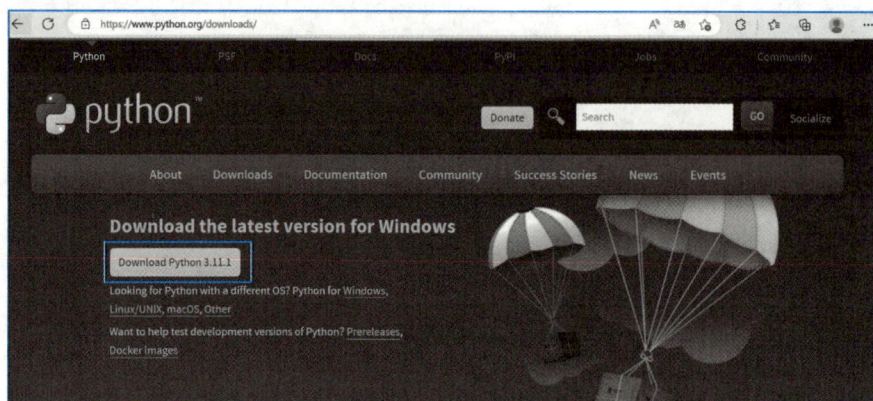

图 1 Python 解释器下载页面

单击图 1 所示的矩形框处按钮即可下载最新版本的安装文件，这里为 Python 3.11.1 版本。网站的下载界面总是提供 Python 最新的稳定版本，随着 Python 语言的发展，此处的版本也会不断更新。如要在其他操作系统下安装 Python，如 Linux、macOS 等，可以单击按钮下面提供的链接，找到相应文件下载。

双击下载后的程序即可开始安装 Python 解释器，启动一个如图 2 所示的引导过程的启动界面。在该界面中，选中 Add Python. exe to PATH 复选框。

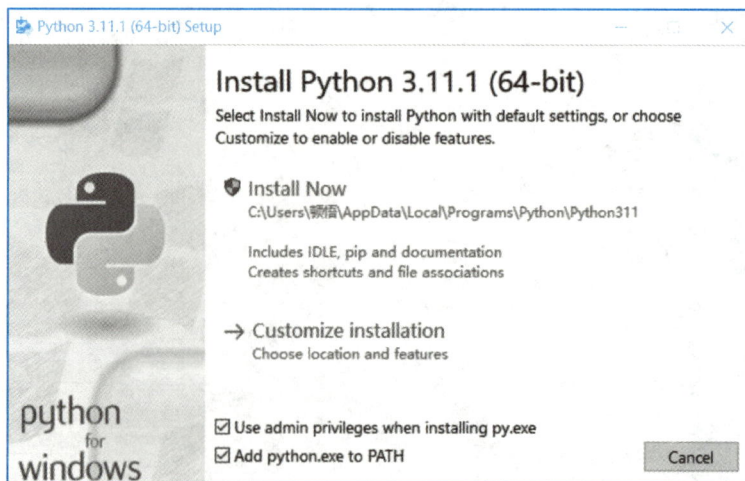

图 2 安装程序引导过程的启动界面

安装成功后将显示如图 3 所示的安装成功界面。

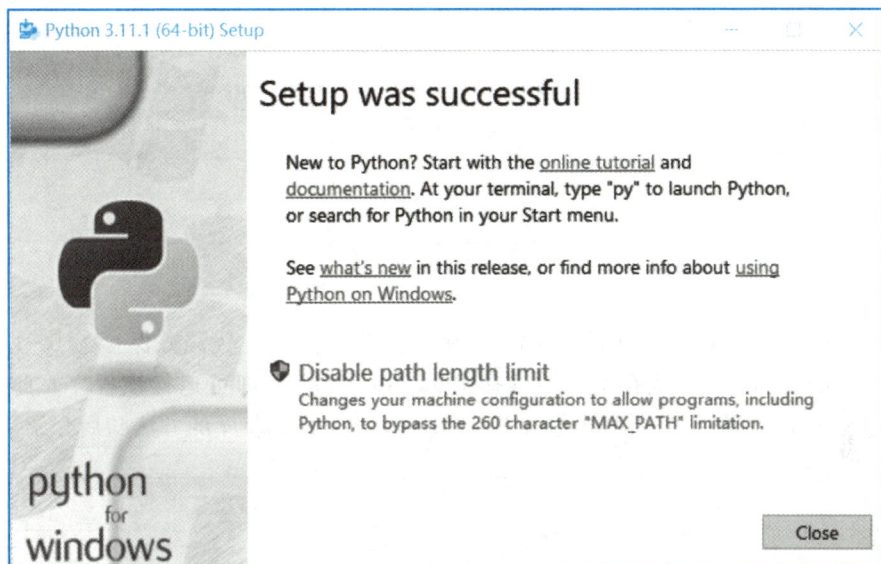

图 3　安装成功的界面

2. 运行 Python 程序

运行 Python 程序有两种方式：交互式和文件式。交互式指 Python 解释器即时响应用户输入的每条代码，给出输出结果；文件式指用户将 Python 程序写在一个或多个文件中，然后启动 Python 解释器批量执行文件中的代码。交互式一般用于调试少量代码，文件式则是最常用的编程方式。

通过 Windows"开始"菜单中的 Python 3.11 快捷方式启动 Python 交互式运行环境，在命令提示符>>>后输入如下代码：

```
Print("hello world")
```

按 Enter 键后显示输出结果 hello world，如图 4 所示。

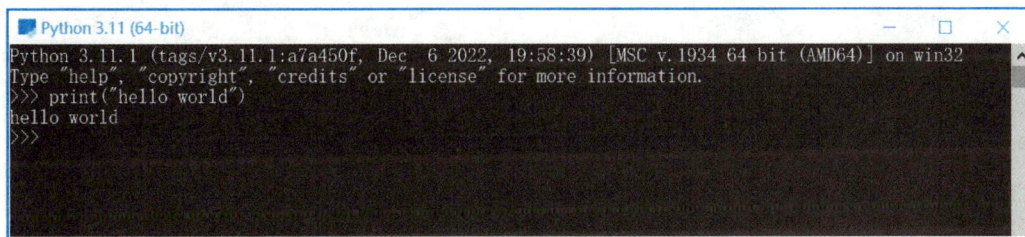

图 4　通过 Python 3.11 快捷方式启动交互式运行环境

另外，还可以通过 Windows"开始"菜单中的 IDLE 快捷方式启动 Python 运行环境。如图 5 所示，同样可以运行 Python 代码输出"hello world"。

在打开的 IDLE 环境下，可通过快捷键 Ctrl+N 或在菜单中选择 File | New File 打开新窗口，

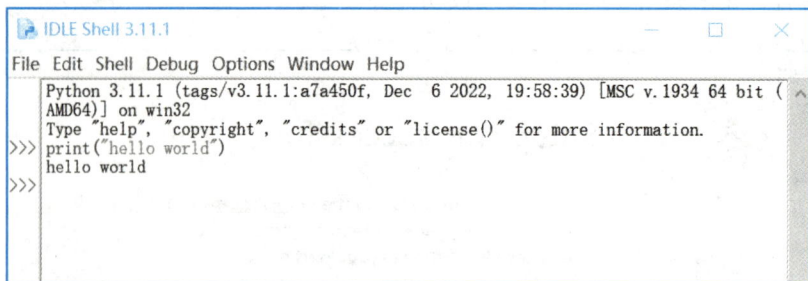

图 5　通过 IDLE 启动交互式运行环境

在这个新窗口中进行代码编辑。例如，输入鸢尾花识别的 Python 代码并保存为 lx-1.py 文件，如图 6 所示。按快捷键 F5，或在菜单中选择 Run│Run Module 即可运行该程序。此时该程序不一定能运行成功，因为还需要系统中安装 scikit-learn 库，安装库的方法随后介绍。

图 6　通过 IDLE 编写并运行 Python 程序文件

3. Python 第三方库的安装

Python 语言有标准库和第三方库两类库，标准库随 Python 安装包一起发布，用户可以随时使用，第三方库需要安装后才能使用。pip 工具的应用，使得 Python 第三方库的安装变得十分容易。pip 是 Python 官方提供并维护的在线第三方库安装工具。

pip 是 Python 内置命令，需要通过命令行执行。打开命令行窗口（按 Windows+R 键，在打开的"运行"对话框中输入 cmd 即可），输入 pip list，可以列出已经安装的 Python 包。注意：不要在 IDLE 环境下运行 pip 程序。

使用 pip 安装第三方库的命令格式如下：

```
pip install<拟安装库名>
```

例如，使用上述命令安装 scikit-learn 库时，pip 会默认从网络上下载 scikit-learn 库安装文件并自动安装到系统中，只需在命令行窗口中输入下面的命令即可进行安装。

```
pip install scikit-learn
```

在安装前可以通过 pip list 命令显示系统中已经安装的第三方库，如图 7 所示。图 8 和图 9 分别显示 scikit-learn 库安装成功，并再次显示系统中已经安装的第三方库。

```
C:\WINDOWS\system32\cmd.exe                                          —    □    ×

Microsoft Windows [版本 10.0.19044.2364]
(c) Microsoft Corporation。保留所有权利。

C:\Users\顿悟>pip list
Package      Version

pip          22.3.1
setuptools   65.5.0
```

图 7　显示系统已经安装的第三方库

```
C:\WINDOWS\system32\cmd.exe                                          —    □    ×

C:\Users\顿悟>pip install scikit-learn
Collecting scikit-learn
  Using cached scikit_learn-1.2.0-cp311-cp311-win_amd64.whl (8.2 MB)
Collecting numpy>=1.17.3
  Using cached numpy-1.24.1-cp311-cp311-win_amd64.whl (14.8 MB)
Collecting scipy>=1.3.2
  Downloading scipy-1.10.0-cp311-cp311-win_amd64.whl (42.2 MB)
     ---------------------------------------- 42.2/42.2 MB 610.3 kB/s eta 0:00
:00
Collecting joblib>=1.1.1
  Downloading joblib-1.2.0-py3-none-any.whl (297 kB)
     ---------------------------------------- 298.0/298.0 kB 1.0 MB/s eta 0:00
:00
Collecting threadpoolctl>=2.0.0
  Downloading threadpoolctl-3.1.0-py3-none-any.whl (14 kB)
Installing collected packages: threadpoolctl, numpy, joblib, scipy, scikit-lea
rn
Successfully installed joblib-1.2.0 numpy-1.24.1 scikit-learn-1.2.0 scipy-1.10
.0 threadpoolctl-3.1.0
```

图 8　第三方库安装成功

```
C:\Users\顿悟>pip list
Package         Version

joblib          1.2.0
numpy           1.24.1
pip             22.3.1
scikit-learn    1.2.0
scipy           1.10.0
setuptools      65.5.0
threadpoolctl   3.1.0

C:\Users\顿悟>
```

图 9　再次显示已安装的第三方库

读者意见反馈

为收集对教材的意见建议,进一步完善教材编写并做好服务工作,读者可将对本教材的意见建议通过如下渠道反馈至我社。

咨询电话　400-810-0598

反馈邮箱　gjdzfwb@ pub. hep. cn

通信地址　北京市朝阳区惠新东街 4 号富盛大厦 1 座

　　　　　高等教育出版社总编辑办公室

邮政编码　100029

防伪查询说明

用户购书后刮开封底防伪涂层,使用手机微信等软件扫描二维码,会跳转至防伪查询网页,获得所购图书详细信息。

防伪客服电话　(010) 58582300